迷你动物玩偶
制作 & 染色全解析

〔日〕田冈正臣 / 著

宋菲娅 / 译

中国纺织出版社有限公司

前　言
Introduction

⌒⌒

翻开本书的你，想必是非常喜欢小玩偶的吧！
看到这些小玩偶们，心中涌现出幸福的感觉。
捧在手中，抱在怀里，被洋溢的爱意包围着。

无论是初学者，还是有基础的手工爱好者，
都请尽情沉浸在
本书的玩偶制作世界中！

好似从绘本中跃出的玩偶，
放入包中随身携带的玩偶，
一起度过悠闲时光的玩偶，
悲伤时给人鼓励的玩偶……

不用担心做不出来，本书有关键要点介绍。

制作玩偶的过程中，会有唤醒人生感悟的瞬间。
做成的玩偶，也饱含着作者想要表达的情感和话语。
非常期待那些幸福的瞬间！

田冈正臣
（在日本使用"ippo 田冈"的笔名）

目 录 Contents

1
猫

2
狐狸

3
象

4
兔

1

猫

猫是一种很可爱的小动物，
眼睛角度改变，表情也随之改变，
栩栩如生，非常机灵。

教程 ...P30　　图纸 ...P74

2

∧∧

狐狸

表情清冷，
尖尖的鼻头，
给人一种很酷的印象。

教程 ...P44　　图纸 ...P76

3

︿︿

象

朦胧的眼神，胖乎乎的身体，
是小象的显著特征。
风格和气质非常吻合。

教程 ...P48　　图纸 ...P78

4

〈〈

兔

小兔四肢的角度，
有种随时要跃起的动感。
以白色和粉色为主色调，营造出可爱的感觉。

教程 ...P50　图纸 ...P80

5

∧∧

山羊

悠闲自在的白色山羊，
特别之处是长长的胡子，
还有黏土做的角和蹄子。

教程 ...P52　　图纸 ...P82

6

∧∧

熊

人装扮成玩偶熊的感觉，
要点是额头和面颊。先拉线，
作出立体感，再固定上去。

教程 ...P54　　图纸 ...P84

7

鸭

无忧无虑的小鸭子。
脚掌用黏土和钢丝制作而成，
左右大小做得一样，才能保持平衡，也能自己站立。

教程 ...P58　图纸 ...P86

8

∧∧

小鸟

因为尺寸小，可以用不同种类的材料组合制作。
制作过程非常有趣，根据配色不同，
可以制作出不同种类的小鸟。

教程 ...P62　　图纸 ...P87

9

⌃⌃

简易版小熊

技法和步骤都很简单的小熊。
插入骨架后，
可以自由摆出多种动作。

教程 ...P64　　图纸 ...P88

提供三种款式的头套,
可供自由选择。
注意头套与玩偶颜色搭配要平衡。

10

⌄⌄

迷你小动物

可以拿在手上把玩的
迷你尺寸动物玩偶，
从左到右分别是牛、猫、羊。

教程 ...P68　　图纸 ...P94

即使是一样的图纸做出来的小熊，
改变布料的种类和面部各部分的形状，
感觉就大不一样。

教程

∧∧

那么，立刻开始制作自己的动物玩偶吧！

考虑好想做的玩偶的性别、性格、年龄等，

做出来的玩偶形象

就会变得丰满起来！

1

染布

根据图纸，选择合适的布料进行染色。
不同布料绒毛的长度和质感不同，即使用同样的染料染色也会有不同的效果。

∨

2

裁剪、缝合

裁剪长绒毛的足部时，
注意不要剪到绒毛的部分。缝合之后，
翻到正面时，使用锥子挑出绒毛。

∨

3

填充

用填充棉填充的作品比较柔软，
有时也用钢珠填充，来增加重量。

∨

4

制作表情

这是一个非常有趣的步骤。玩偶会慢慢接近最初设想的形象，
可以换换眼睛和鼻子等部分，尝试多种变化组合。

∨

5

完成

从不同角度观察、调整，
理顺绒毛，或者用马克笔上色，
最后达到自己想要的效果。

缝制玩偶必备的工具和材料

介绍制作玩偶必备的工具和材料。

布料相关内容请参考第 22 页，黏土制作请参考第 27 页的详细解说。

a 布用可消笔

在布料上转印图纸和定位五官的位置时使用。有水消和热消两种，非常方便。

b 手工剪

裁布时使用。尖头布艺剪刀使用起来更方便。要和剪纸用的剪刀区分开来。

c 锥子

在布上打孔、挑绒毛时使用。

d 翻里钳

翻折细小的部分时使用。

e 开口销扳手

卷绕固定开口销时使用，也可以用来塞填充棉。

f 手缝针

根据布料的厚度和制作玩偶的大小，来选择不同尺寸。

g 珠针

暂时固定耳朵、鼻子等小部件时使用。

h 玩偶缝针

长粗针，固定眼睛时使用。

i 夹子

用来固定双层厚布料很方便，可代替珠针使用。

j 牙剪

修剪长绒毛时使用。美发用剪刀。

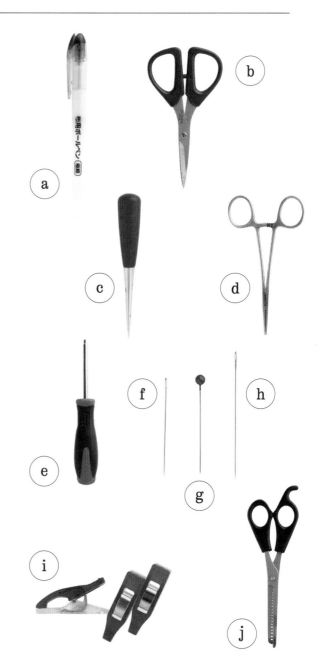

k 毛梳
沿着一定方向梳理绒毛时使用。

l 布用黏合剂
不使用缝合的方式连接各部分时使用。也可涂在短绒毛上使用。

m 快干胶水
粘贴黏土部件时使用，刷头设计，非常方便。

n 填充棉
填充用，非常柔软，是最常用的填充物。人造纤维制品。

o 增重钢珠
钢珠状的填充物，增加重量时使用。

p, q, r 关节配件
一套含开口销（p）1根，连接用的关节片（q）和垫片（r）各2片。关节用开口销扳手固定。

s 手缝线
选用与布料颜色接近，结实的40号手缝线。

t 缝合眼睛用线
选用粗而结实的8号手缝线。固定眼珠，缝合头部时使用。

布料的染色方法

书中所用到的一些布料需要自己进行染色，
布料的颜色也会影响作品的感觉，这是玩偶制作中非常有趣的一个环节。

〈布料的种类〉

白色的布料可以染成自己喜欢的颜色。
即使是同类型的布料，绒毛的长度不一样，效果也不一样。
下面介绍几种本书使用的、便于染色的布料。

※ 材料店铺请参考第 72 页。

马海毛
以安哥拉山羊毛为原料制成的天然纤维布料。经常用于泰迪熊制作，完成的作品有高级感。

直毛粘胶
人造丝的一种。具有光泽感，易于染色。毛短，推荐用来制作小作品。

丝绒布
丝质的绒毛布料。具有极佳的光泽感和手感。遇到紫外线容易变色，制作作品时需要注意这一点。

纯棉绒布
使用100%纯棉制成。表面有短小的拉毛，有立体感。

卷毛粘胶
手感柔软，容易起皱，预先过水时，绒毛呈现随机的方向。

要点
· 以下的顺序依次为布料易着色的程度。

| 纯棉绒布 |
| 直毛粘胶 |
| 卷毛粘胶 |
| 丝绒布 |
| 马海毛 |

· 腈纶、聚酯纤维布料由于难以着色，本书基本不会用到。

〈准备的用品〉

介绍染布必备的工具。

除了染料外，准备一些家庭常用的简单物品，

就可以开始染布了。

染料 （喜欢的颜色 1~3 种）	小碗 （与染料颜色 数量一致）	热水 （85℃以上）	盆
报纸	一次性筷子	塑料手套	

本书使用的染料为"全功能冷染染料"（桂屋），内部是粉状，用热水溶解后使用。

要点
关于完成后的上色

在玩偶完成后，也有需要额外上色的情况。用笔能画出细致的图案，马克笔和印台能做出复古风的感觉。

印台（颜料型）　　　　　马克笔

〈浸染的顺序〉

选择自己想染的颜色，
诀窍是每次只染一个颜色，不要混色。
下面介绍如何将马海毛染成橙色。

※ 如使用其他染料，请按照说明书来准备热水的温度和用量。

1

将布料过水，拧干。

2

倒入半碗热水（约100mL），加入1/3小勺的染料，注意不要烫伤。

3

用筷子搅拌，溶解粉末染料。

4

按照1至3的要领，准备红色、黄色、灰色三种染料。

5

在盆中倒入1L温度与人体体温接近的水。

6

以5为基础，倒入半份红色染料。

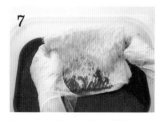

7

戴上手套按压，使布料完全浸透染料。

8

待布料都浸透染料后，一小块一小块地压出空气。绒毛较短，会比较容易染色。

9

拧干后，铺在报纸上。如果觉得颜色较浅，可以取用6中剩余的染料，重复7至8，直到染出想要的颜色。

10

完成红色染料染色后，洗净盆，再倒入 1L 温度与人体体温接近的水，倒入半份黄色染料。

11

按照 **7** 至 **8** 的要领进行染色。

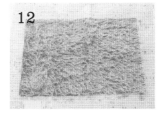

12

取出后拧干，铺平。

13

完成黄色染料染色后，洗净盆，再倒入 1L 温度与人体体温接近的水，倒入半份灰色染料。

14

按照 **7** 至 **8** 的要领进行染色。

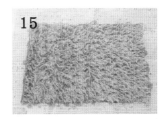

15

取出后拧干，铺平。

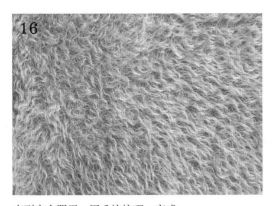

16

直到完全阴干，用毛梳梳理，完成。

〰〰〰〰〰〰〰〰〰〰

要点

· 最后的灰色染色，可以调节明度。

· 干燥后颜色会变浅，所以染色时保留的颜色要比想最终呈现的颜色更深。

· 即使是同一种染料，由于浓度、气温、水温的差异，最后成品的颜色也会有所差异。

〰〰〰〰〰〰〰〰〰〰

〈晕染的顺序〉

介绍晕染的方法。

用晕染布制作的玩偶，有复古的感觉。

※ 图中使用的是纯棉绒布。

1 绿 紫 蓝

选用喜欢的颜色2~3种，放在小碗中备用（参考第24页**2**至**3**）。

2

将干燥的布料揉成一团，沾染少量染料。

3

将布料展开，再继续揉成团，重复操作，在不同区域上色。

要点

干燥的布料染色和过水后湿润的布料染色，得到的成品效果不同。

用湿润的布料染色时，为了不让颜色变浅，染色前需要轻轻拧干。

干布染色的情况

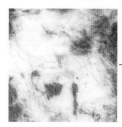 →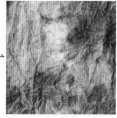

染一色的状态 染三色的状态

颜色的分界线非常清晰。

湿布染色的情况

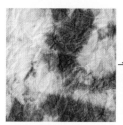 →

染一色的状态 染三色的状态

颜色的分界线比较模糊，浓淡过渡柔和。

制作黏土部件

如果自己制作眼珠、爪、喙部等部分，可以按照喜欢的颜色、形状、大小进行制作，具有机器制作的玩偶所没有的魅力。

〈黏土的种类〉

玩偶不同的部位使用的黏土种类也不一样。
根据不同黏土具有的特性和优点进行灵活选用。

石塑黏土
"La Doll"（PADICO 股份公司产品）细腻且有一定硬度，干燥后易于打磨，常用于制作玩偶的鼻子、肉垫部分。

木塑黏土
"Wood formo"（PADICO 股份公司产品）使用天然木材制作，干燥后有阻尼感。成品不染色，为黏土原本的颜色。

纸黏土
"karugaru"（PADICO 股份公司产品）质感很轻，颜色为白色，易于用颜料上色。黏土松软，可以直接用针线缝合。

软陶
"FIMO"用烤箱加热后像陶器一样坚固。加热后会有不同程度的收缩，制作时尺寸稍稍做大一些比较好。

树脂黏土
半透明质感的白色，有光泽感。通过自然干燥会变硬。适用于眼珠的制作，可以在"大创"买到。

〈准备的工具〉

防水亮光漆

"VARNISH"（PADICO 股份公司产品）。让作品更具光泽感。常用于涂在眼珠上。

砂纸

黏土干燥后，用砂纸打磨成想要的形状。号数为 60 目到 240 目。不能用于树脂黏土。

铜丝

一般使用直径为 0.55mm 的铜丝。加上铜丝的黏土部件，可以安装或取下。

钳子

用于夹断铜丝。

丙烯颜料

掺在黏土中或在干燥后的黏土表面用笔上色。

要点

称重

在制作足部或手部等需要保证尺寸相同的部分时，请使用电子秤进行重量的确认。

事先多制作几个

手工制作的尺寸和形状会有微小差异，请事先多制作几个，用作面部表情时，可以直接选用最适合的。

〈眼珠的制作方法〉

眼珠全部用这种方法进行制作。
眼睛的大小、宽窄、形状的变化会直接影响表情。

1

将树脂黏土做成球形，插到长度为 2cm 的铜丝上。

2

等待黏土完全干燥后，用马克笔点上黑色。也可以用丙烯颜料上色。

3

完成后涂上防水亮光漆，做出光泽感。等待 10 分钟，完全干燥后，完成。

〈肉垫的制作方法〉

介绍动物玩偶不可缺少的肉垫的制作方法。

1

用纸黏土做成扁平的圆形。尺寸比玩偶的手部或足部要小。

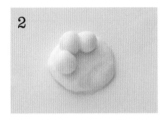

2

制作三个小球形，沾水按照图中的位置摆放在 1 的圆形上。

3

加上手掌的扁平圆形。

4

在背面插入铜丝，等待干燥。为了能安装到玩偶身上，要预留 1cm 长的铜丝。

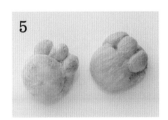

5

按自己的喜好上色。图片左边是用马克笔上色，右边是用丙烯颜料上色。

6

安装到玩偶上。详细教程请参考第 34 页。

1

猫

图纸 ...P74

这里以猫为例，详细介绍基本的制作方法。
其他的动物请参照同样的方法制作。
如果想做范例中的条纹图案，为了条纹能清晰显现，
基础布料要染成较浅的颜色。

正面 　　　　　　　　　　　　　　　　　侧面

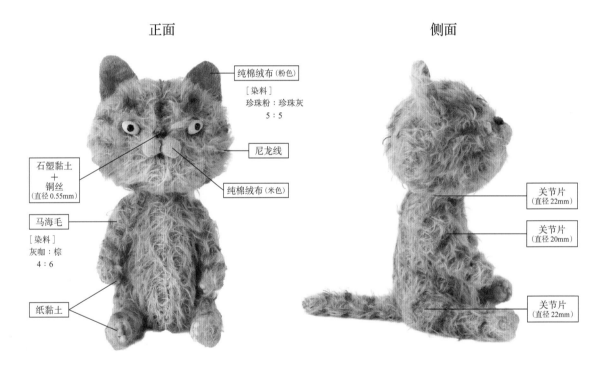

纯棉绒布（粉色）

[染料]
珍珠粉：珍珠灰
5：5

尼龙线

石塑黏土
＋
铜丝
（直径0.55mm）

纯棉绒布（米色）

马海毛

[染料]
灰咖：棕
4：6

纸黏土

关节片
（直径22mm）

关节片
（直径20mm）

关节片
（直径22mm）

材料 [身长约19cm]

- 马海毛 — 23cm × 18cm（$^1/_{16}$ 码）
- 纯棉绒布（米色）— 5cm × 5cm
- 纯棉绒布（粉色）— 8cm × 8cm
- 眼睛部分（参考第29页）— 1 对
- 肉垫部分（参考第29页）— 2 对
- 尼龙线（5号）— 20cm

- 石塑黏土、铜丝（直径0.55mm / 鼻子）— 适量
- 关节片（头部…直径22mm×1、手臂…直径20mm×2、腿部…直径22mm×2）
- 手缝线、缝合眼睛用线、填充棉、填充钢珠、染料 — 各适量

〈布料的裁剪〉

在布料背面用布用可消笔转印图纸，裁剪布料。
如果有左右对称的情况，图纸要翻面后进行转印。

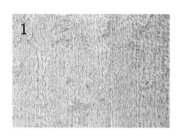

1

有绒毛的一面为正面，请确认。

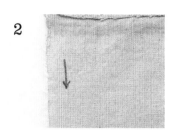

2

在背面进行转印。短毛或者无规则的马海毛等，会难以分辨绒毛的方向，请不要在意。

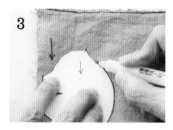

3

沿着图纸，注意毛流的方向，进行转印。预留缝份 5mm。

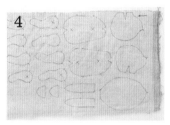

4

全部转印完毕。关节的位置用 × 表示。

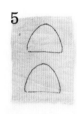

5

耳朵内耳部分转印到纯棉绒布上，嘴套部分转印到纯棉绒布上。

6

预留缝份剪下。

7

剪下剩余布料上的绒毛，备用。

要点

剪布时为了不剪掉绒毛可以用剪刀尖端贴近底布，进行细致的修剪。

下一页 >>

〈制作四肢〉

制作手臂、腿部的方法相同。
用双股线进行缝合。

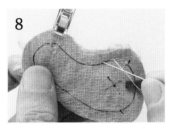

手臂部分的布料正面相对，用夹子固定，半回针缝合。

半回针缝合

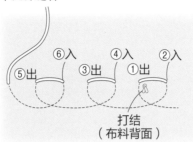

一边出针，一边半回针缝合，这样可以增加强度，使作品更加结实牢固。

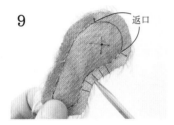

预留返口，在有弧度的位置剪牙口。

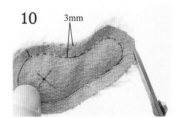

缝份修剪到3mm。

使用锥子挑出夹在缝份中的绒毛。

使用钳子翻到正面。

用木筷调整形状。

使用锥子挑出卷进缝合处的绒毛。这个动作在制作过程中非常必要。

〈关节固定〉

这里介绍关节的固定方法。关节片的尺寸误差 ±1mm 没有关系。
在关节部分使用，可以让玩偶的四肢、头部自由活动。

15

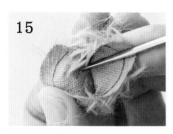

确认安装关节的位置，用锥子从布料背面打孔，注意左右侧的打孔方向不同。

16

塞入大约一半的填充棉，使用木筷便于塞棉。

17

关节如图所示。注意尺寸不要弄错，手臂用直径20mm关节片，腿部用直径22mm关节片。

18

从布料背面插入关节。

19

支撑起来后，继续塞入填充棉。

20

将缝份向内折缝合返口，用双股线进行藏针缝缝合，打结固定。

21

将线从其他位置拉出，将线结藏在布料内侧。

藏针缝缝合

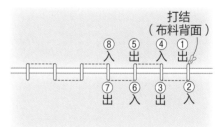

运针轨迹呈 "ㄇ" 字形在布料上进行缝合。这样的作品能隐藏线迹，工整美观。

下一页 >>

22

按照 **8** 至 **21** 的方法，制作手臂、腿部各两支。

~~~~~~~~~~~~~~~~~~~~~~

要点

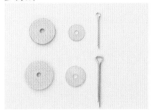

关节片的尺寸有很多，选用比图纸稍微小一点的尺寸，就不会出错。

~~~~~~~~~~~~~~~~~~~~~~

〈固定肉垫〉

肉垫的制作方法请参考第 29 页。安装固定上肉垫，小动物的四肢就变得鲜活生动起来。

23

在固定肉垫的位置将绒毛剪短。

24

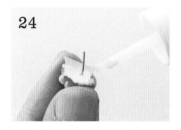

在肉垫背面薄涂速干胶水。

25

铜丝插入布料固定。

26

肉垫和布料的交界处涂少量手工胶水。

27

将 **7**（第 31 页）剪下的绒毛黏到交界处中。

28

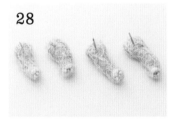

其他的四肢用同样的方法固定肉垫，完成状态如图所示。

〈制作头部〉

头部是决定作品印象的重要部分。要确保左右对称，缝合时不要歪斜，一边塞棉一边调整，使头部各部分保持平衡。用双股线进行缝合。

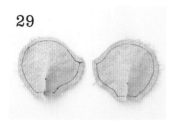

29

头部（侧面）沿缝合线进行半回针缝合。

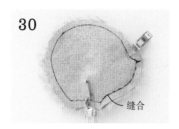

30

将 29 中布料正面相对，从颈部到鼻子下部进行半回针缝合。

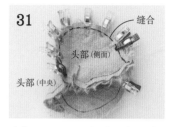

31

头部（中央）正面相对进行缝合。因为容易缝歪，所以先用夹子进行固定，一边缝合一边取下夹子。

32

头部（中央）缝合完毕的状态。在鼻尖处多缝合几针加固。

33

翻到正面，塞棉。为了保证不变形，尽量填充紧实。

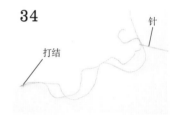

34

如图所示将缝线对折，打结。两股线的线端穿针，这种穿针方法便于修改。

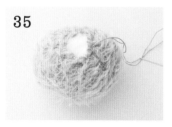

35

沿距离颈部返口 5mm 的位置缩缝一周。暂时不要打结。

36

将开口销插入 22mm 的关节片后放入头部返口处，拉紧 35 的缩缝线固定。

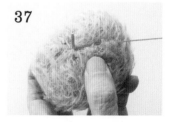

37

绕着开口销根部挂线，重复数次拉紧缝合，打结。注意要保持关节片和开口销的方向垂直。

下一页 >>

〈制作耳朵〉

外耳用马海毛，内耳用纯棉绒布。使用双股线进行缝合。

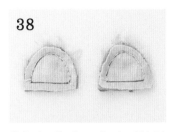

38

将内耳、外耳正面相对，预留返口，半回针缝合。

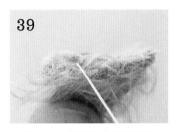

39

翻到正面，将缝份内折藏针缝缝合返口。

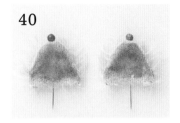

40

耳朵完成。为便于暂时固定到头部，如图所示事先插入珠针。

〈制作嘴套〉

动物鼻子两侧长胡须的部分，正式名称为胡须垫（Whisker Pad）。
较细小所以选用薄布料。使用双股线进行缝合。

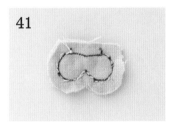

41

正面相对，预留返口，半回针缝合。将缝份修剪到3mm。

42

翻到正面，塞填充棉。

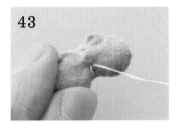

43

将缝份内折藏针缝缝合返口，中间缝合使之呈现内凹状。

〈制作鼻子〉

黏上绒毛，显得更加仿真。

44

用黏土制作球形鼻部，插入一段长约2cm的铜丝，等干燥后用彩绘颜料涂上喜欢的颜色。

45

薄涂手工胶水，黏上 **7**（第31页）中的短绒毛。

46

鼻子完成。

〈确定五官的位置〉

五官的位置不一样,作品给人的印象也会相应发生改变。

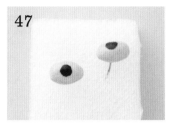

47

参考第29页制作方法制作眼睛,这次是椭圆形的眼睛。

48

多尝试一些摆放位置,选择最喜欢的面部五官搭配。

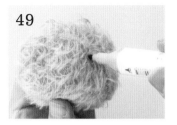

49

确定后用马克笔做上记号。

〈固定耳朵〉

因为耳朵是立体部分,可以往返缝合。用双股线进行缝合。

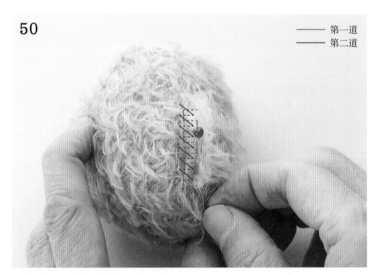

50

—— 第一道
—— 第二道

在头部和耳朵的重叠处入针,第一道用藏针缝缝合耳朵的外耳与头部,第二道斜向缝合耳朵的内耳与头部,这样重复缝合,更加牢固。

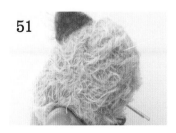

51

打结,在别处出针,将线结藏在头部内侧,断线。

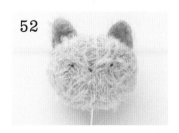

52

另一只耳朵也用相同的方法固定。

下一页 >>

〈固定眼睛〉

固定眼睛有很多种方法，本书介绍古董娃娃制作时使用较多的方法。

用这种方法，如果今后想替换，只需要从头部背后剪线，就能轻松地取下眼睛。

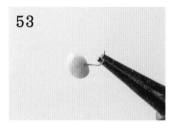

53

用钳子将铜丝夹弯。

54

夹成环形的状态。

55

取约60cm的线对折，穿过铜丝的圆环，如图所示穿线。

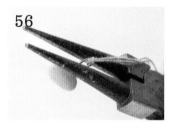

56

用钳子将圆环夹扁。

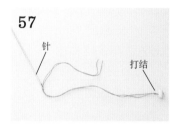

57

如图所示，在玩偶针上穿线。

58

在49中印记的位置用锥子打孔。

59

眼睛位置入针，从头部正后方出针。

要点

有两根玩偶针的情况下，两只眼睛可同时入针，便于调整位置。

60

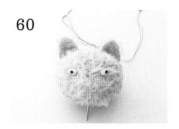

拉线，将铜丝部分拉入头部内侧。

61

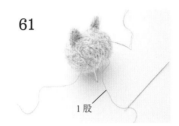

1股

取双股线中的一股穿针。

62

穿线的针在出针位置旁边3mm
的位置入针。

63

在耳朵根部出针，拉线。

64

另一股线穿针，同样在耳朵根部
（约旁边2mm的位置）出针。

65

两股线交叉打结固定。

66

双股线穿针，在耳朵根部入针拉
线，隐藏线结。

67

在头部后方出针，拉线，剪去多
余部分。

68

另一只眼睛也用相同方法固定。

下一页 >>

〈固定嘴套和鼻子〉

固定嘴套和鼻子之后，大致的表情就显现出来了。
用单股手缝线进行缝合。

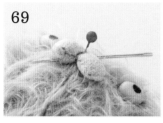

69

用珠针将嘴套暂时固定在相应的位置。

70

为了使线迹不明显，用藏针缝缝合一周。

71

在固定鼻子的位置用锥子打小孔。

72

在鼻子的铜丝部分涂上速干胶水。

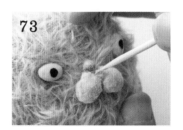

73

将鼻子插入，四周薄涂手工胶水。

74

用 **7**（第31页）剪下的绒毛覆盖。

〈固定胡须〉

胡须可按照喜好的长度用鱼线制作，用线制作也可以。

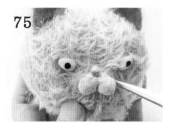

75

在想要固定胡须的位置，用锥子打孔。

76

在鱼线上涂少量手工胶水，塞入小孔。固定合适的根数。

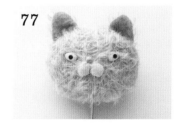

77

使用锥子尖端部分，在小孔涂上速干胶水，如 **74** 一样覆盖短绒毛。

〈连接头部、身体和四肢〉

面部完成之后，终于要连接头部、身体和四肢了。

按照头部→手臂→腿部的顺序进行连接。使用双股线进行缝合。

78

身体部分正面相对，预留返口，进行半回针缝合。

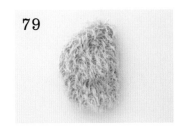
79

翻到正面。

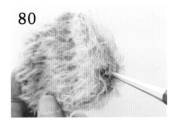
80

用锥子拨开头部关节位置的绒毛，使之显露出来。

81

将头部的开口销插入身体顶端。

82

在身体内侧安装上关节片（22mm）、垫片一套。

83

用开口销扳手先将开口销稍长的一侧向下卷成圆形。

84

两侧均卷成圆形的状态。

85

同样的要领，安装连接腿部。插入开口销的位置记得用锥子打孔。

86

头部和四肢连接到躯干上的状态。

下一页 >>

〈填充玩偶内部〉

填充身体，用填充棉的话作品会变得柔软，
为了增加重量，可以塞入小钢珠。

往身体里塞入填充棉。先少量且
均匀地塞入。

塞入小钢珠（直径3mm）是为了增
加重量，仅塞入填充棉也是可以
的。塞小钢珠用漏斗更方便。

按照喜好填充适当重量的小钢珠，
保持好平衡，再塞入填充棉。

背部将缝份内折，用四股线进行
藏针缝缝合。

填充棉没塞满的情况，可使用细
木棒将填充棉填塞入空隙中。

打结，从别处出线，将线结藏在
内侧。

〈制作并安装尾巴〉

尾巴对于猫咪来说不可或缺。坐姿状态下先确认尾巴位置，再进行固定。用双股线进行缝合。

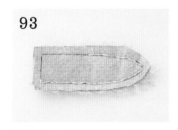

预留返口，半回针缝合一周。

翻到正面，将返口的缝份内折。

坐姿状态下，用珠针暂时固定尾
巴，用藏针缝缝合固定。

〈上色〉

最终步骤。为玩偶绘出喜欢的图案。

96

用热水（40℃以上）溶解焦茶色染料。

97

用笔绘出条纹图案。为了使颜料融合更加自然，可以用手指捻搓布料。

98

腹部用白色的印台着色，用熨斗加热进行固色。

99

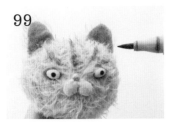

待到染料和墨水干透后，用马克笔加深条纹图案。

100 完成!

制作喜爱的服饰，非常有趣！推荐用毛毡布制作，非常方便！（制作方法和图纸请参考第75页）

2

$\wedge\wedge$

狐狸

图纸 ...P76

白色布料制作，然后局部染色。
眼睛的部分显现狐狸的神态，
需要固定的部分根据情况使用黏合剂。

正面

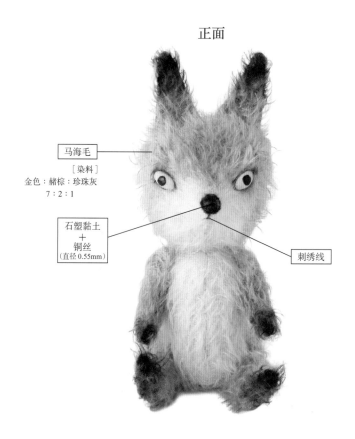

马海毛

［染料］
金色：赭棕：珍珠灰
7：2：1

石塑黏土
＋
铜丝
(直径 0.55mm)

刺绣线

材料［身长约22cm］

- 马海毛 — 23cm×18cm (¹/₁₆码)
- 眼睛部分 (参考第29页) — 1对
- 石塑黏土、铜丝 (直径 0.55mm/ 鼻子) — 适量

- 关节 (头部…直径22mm×1、手臂…直径18mm×2、腿部…直径25mm×2)
- 手缝线、缝合眼睛用线、填充棉、刺绣线、填充钢珠、染料 — 各适量

制作方法

1. 在布料背面转印图纸，进行裁剪（参考第31页）。

2. 将布料正面相对缝合，翻到正面（参考第32页）。

3. 局部染色（参考第46页）。

4. 手臂和腿部安装关节，塞入填充棉（参考第33页）。

5. 在头部塞入填充棉，安装关节（参考第35页）。

6. 制作耳朵并固定（参考第36页、第37页）。

7. 制作鼻子（参考第36页）。

8. 固定眼睛和鼻子（参考第38页、第40页）。刺绣嘴部。

9. 连接头部、身体、四肢（参考第41页）。

10. 填充身体，固定尾巴（参考第42页）。

侧面

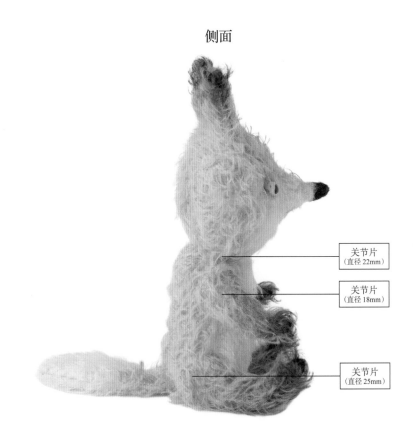

关节片
（直径22mm）

关节片
（直径18mm）

关节片
（直径25mm）

下一页 >>

〈局部染色〉

白色布料染色前要基本缝合定型。这里介绍缝合定型后局部染色的方法。
染料具有扩散性，要留白的部分，注意控制用量。

1

染色之前，各部分缝合并翻到
正面。

2

面部和身体是立体的，便于塞进
填充棉。

3

准备约 50mL 的热水，用于溶解
染料。

4

浸泡耳朵、手臂、腿部等。进行
30 秒左右的揉搓，拧干。

5

尾巴尖端部分留白，从尾巴根部
开始染色，染到一半。

6

面部从颈部开始到鼻尖留白，其
余部分用笔小心地染色。

7

用手指揉搓绒毛根部。

8

身体也和头部一样用笔染色。如图所示，先用同色的马克笔画出引导线。

9

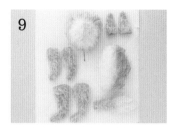

全部染完的状态。静置一天，等待风干。

10

用大约 50mL 热水溶解黑色染料，染四肢和耳朵的尖端。

11

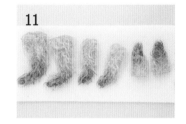

静置一天，等待风干。

12

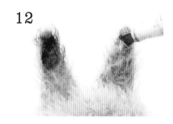

用黑色马克笔涂抹尖端加深。

3

⌒⌒

象

图纸 ...P78

要做出结实丰满的身材，需要塞入充足的填充棉，
四肢部分也要塞得满满的。大大的耳朵，
使用晕染的布料营造出复古的感觉。

正面

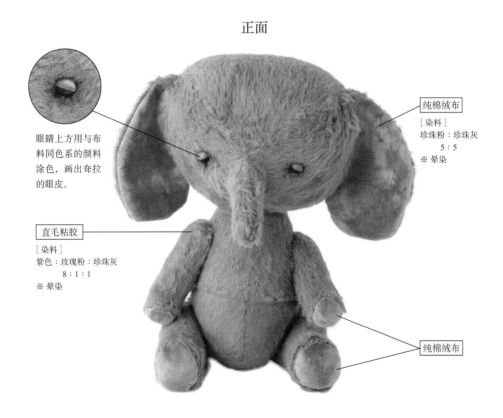

眼睛上方用与布
料同色系的颜料
涂色，画出耷拉
的眼皮。

纯棉绒布
［染料］
珍珠粉：珍珠灰
　　5：5
※ 晕染

直毛粘胶
［染料］
紫色：玫瑰粉：珍珠灰
　　　8：1：1
※ 晕染

纯棉绒布

材料［身长约19cm］

- 直毛粘胶 — 45cm × 35cm（⅛ 码）
- 纯棉绒布 — 20cm × 15cm
- 眼睛部分（参考第29页）— 1 对

- 关节（头部…直径25mm × 1，手臂…直径20mm × 2，腿部…直径25mm × 2）
- 手缝线、缝合眼睛用线、填充棉、填充钢珠、彩绘颜料 — 各适量

1.在布料背面转印图纸，进行裁剪(参考第31页)。

2.将布料正面相对缝合，翻到正面(参考第32页)。

3.手臂和腿部安装关节，塞入填充棉(参考第33页)。

4.在头部塞入填充棉，安装关节(参考第35页)。

5.制作耳朵并固定(参考第36页、第37页)。

6.固定眼睛(参考第38页)。

7.连接头部、身体、四肢(参考第41页)。

8.填充身体(参考第42页)。

侧面

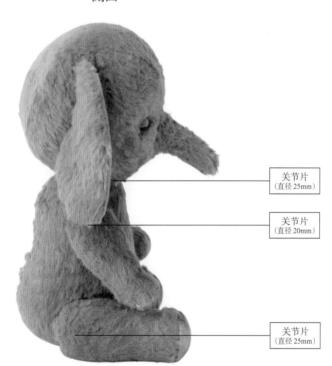

关节片
(直径25mm)

关节片
(直径20mm)

关节片
(直径25mm)

口水巾、短裤的制作方法和
图纸参考第79页、第95页。

4

〈〈

兔

图纸 ...P80

手臂方向和其他玩偶不同，
注意不能向内侧弯曲。
可以将耳朵根部朝内侧弯折缝合固定，使耳朵立起来。

正面

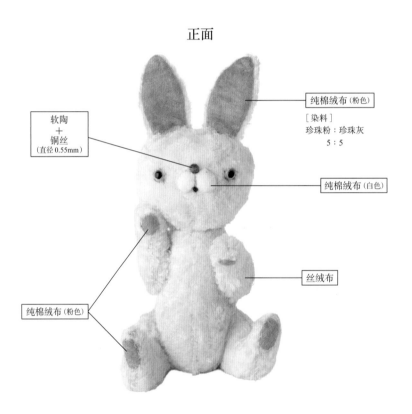

软陶
+
铜丝
(直径 0.55mm)

纯棉绒布 (粉色)

[染料]
珍珠粉：珍珠灰
5：5

纯棉绒布 (白色)

丝绒布

纯棉绒布 (粉色)

材料［身长约20cm］

- 丝绒布 — 23cm × 18cm (¹/₁₆ 码)
- 纯棉绒布 (粉色 / 耳朵、四肢用) — 20cm × 15cm
- 纯棉绒布 (白色 / 嘴套用) — 5cm × 5cm
- 眼睛部分 (参考第 29 页) — 1 对
- 软陶、铜丝 (直径 0.55mm/ 鼻子)

- 关节 (头部…直径 25mm × 1、手臂…直径 18mm × 2、腿部…直径 25mm × 2)
- 手缝线、缝合眼睛用线、填充棉、填充钢珠、彩绘颜料 — 各适量

1.在布料背面转印图纸，进行裁剪(参考第31页)。

2.将布料正面相对缝合，翻到正面(参考第32页)。

3.手臂和腿部安装关节，塞入填充棉(参考第33页)。

4.在四肢上用纯棉绒布(粉色)制作并固定肉垫部分(参考第66页)。

5.在头部塞入填充棉，安装关节(参考第35页)。

6.制作耳朵并固定(参考第36页、第37页)。

7.制作鼻子和嘴套(参考第36页)。

8.固定眼睛、鼻子、嘴套(参考第38页、第40页)。

9.连接头部、身体、四肢(参考第41页)。

10.填充身体，藏针缝缝合固定尾巴(参考第42页)。

侧面

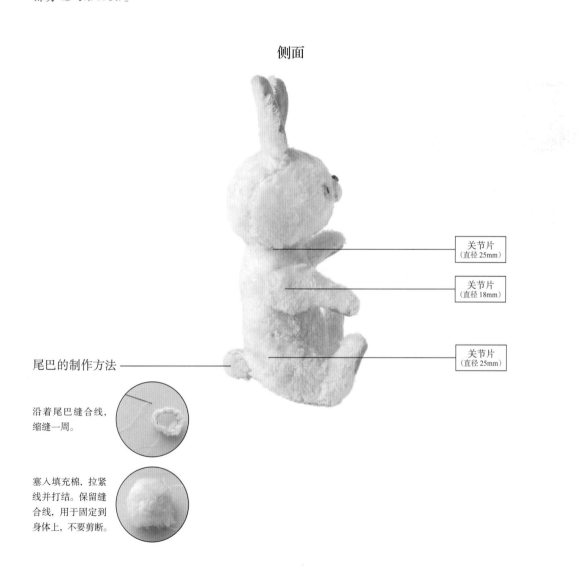

关节片
(直径25mm)

关节片
(直径18mm)

关节片
(直径25mm)

尾巴的制作方法

沿着尾巴缝合线，缩缝一周。

塞入填充棉，拉紧线并打结。保留缝合线，用于固定到身体上，不要剪断。

5

∧∧

山羊

图纸 ...P82

山羊的眼睛是黑色的横向长方形，
如果是圆形眼睛就会更可爱。
耳朵部分较小，要先将外侧布的绒毛剪短后进行缝合，再翻到正面。

正面

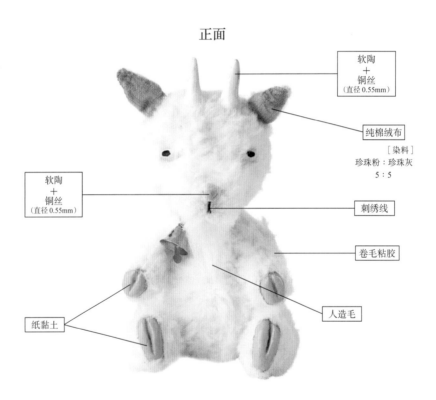

软陶
＋
铜丝
（直径 0.55mm）

纯棉绒布

［染料］
珍珠粉：珍珠灰
5：5

软陶
＋
铜丝
（直径 0.55mm）

刺绣线

卷毛粘胶

人造毛

纸黏土

材料［身长约20cm（含角）］

- 卷毛粘胶 — 23cm × 18cm（¹/₁₆ 码）
- 纯棉绒布 — 5cm × 5cm
- 人造毛（胡须用）— 2cm × 2cm
- 眼睛部分（参考第29页）— 1 对
- 纸黏土 — 适量

- 软陶、铜丝（直径 0.55mm/ 鼻子、角）— 各适量
- 关节（头部…直径 22mm × 1，手臂…直径 20mm × 2，腿部… 直径 22mm × 2）
- 手缝线、缝合眼睛用线、填充棉、填充钢珠、刺绣线、 彩绘颜料 — 各适量

1.在布料背面转印图纸，进行裁剪(参考第31页)。

2.将布料正面相对缝合，翻到正面(参考第32页)。

3.用纸黏土制作脚趾，固定到四肢上。

4.手臂和腿部安装关节，塞入填充棉(参考第33页)。

5.在头部塞入填充棉，安装关节(参考第35页)。

6.制作胡须，将2cm长的人造毛修剪成三角形，缝到下巴上。

7.制作耳朵并固定(参考第36页、第37页)。

8.制作鼻子和角(参考第36页)。角的制作方法与鼻子相同。

9.固定眼睛、鼻子、角(参考第38页、第40页)。刺绣嘴部。

10.连接头部、身体、四肢(参考第41页)。

11.填充身体，固定尾巴(参考第42页)。

侧面

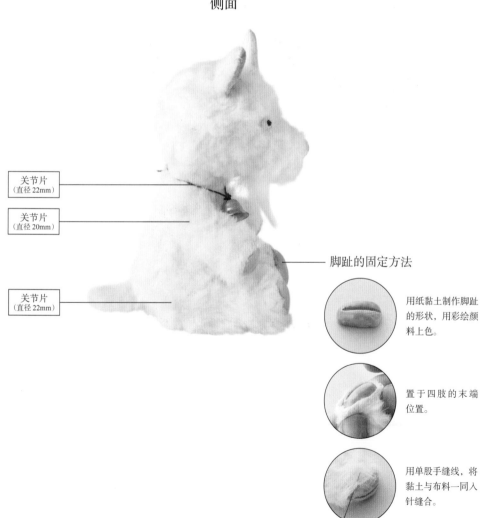

关节片
(直径22mm)

关节片
(直径20mm)

关节片
(直径22mm)

脚趾的固定方法

用纸黏土制作脚趾的形状，用彩绘颜料上色。

置于四肢的末端位置。

用单股手缝线，将黏土与布料一同入针缝合。

6

熊

图纸 ...P84

头部使用马海毛和有弹性的针织布料 (薄款的天竺棉)。
注意拉线和填充棉的塞入方法,
营造出立体的面部。

正面

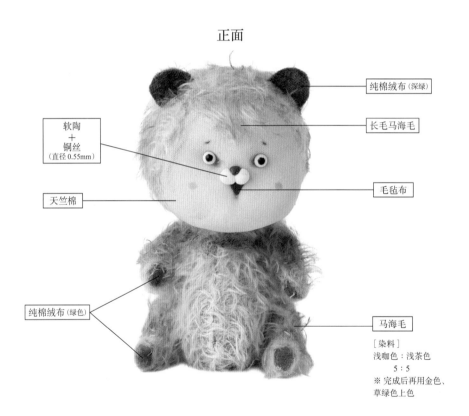

纯棉绒布 (深绿)

软陶
+
铜丝
(直径 0.55mm)

长毛马海毛

毛毡布

天竺棉

纯棉绒布 (绿色)

马海毛

[染料]
浅咖色:浅茶色
5:5
※ 完成后再用金色、
草绿色上色

材料 [身长约 15cm]

· 马海毛—45cm×35cm (1/8 码)

· 天竺棉—9cm×9cm

· 纯棉绒布 (深绿·绿色) — 各 10cm×10cm

· 马海毛 (长毛马海毛 / 刘海用) — 5cm×3cm

· 眼睛部分 (参考第 29 页) — 1 对

· 软陶、铜丝 (直径 0.55mm/ 鼻子) — 适量

· 关节 (头部…直径 22mm×1、手臂…直径 15mm×2、腿部…直径 18mm×2)

· 手缝线、缝合眼睛用线、填充棉、毛毡布、填充钢珠 — 各适量

1. 在布料背面转印图纸，进行裁剪 (参考第 31 页)。

2. 制作头部 (参考第 56 页)。

3. 将布料正面相对缝合，翻到正面 (参考第 32 页)。

4. 手臂和腿部安装关节，塞入填充棉 (参考第 33 页)。

5. 连接头部、身体、四肢 (参考第 41 页)。

6. 填充身体 (参考第 42 页)。

7. 在四肢上用纯棉绒布 (绿色) 制作并固定肉垫部分 (参考第 66 页)。

侧面

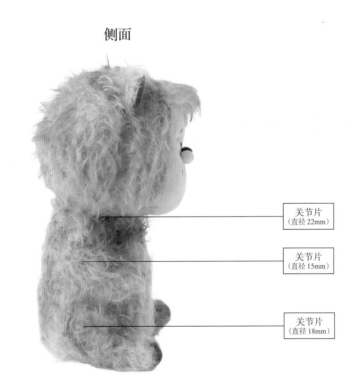

关节片
(直径 22mm)

关节片
(直径 15mm)

关节片
(直径 18mm)

猫咪

改变耳朵、眼睛和四肢的形状，就成了猫咪。固定上尾巴 (参考第 42 页)。玩偶尺寸与熊一样。

[染料]
玫瑰粉：珍珠粉：珍珠灰
7：3：1

下一页 >>

〈不同材质的布料组合制作头部〉

使用有弹性的布料制作面部，增强表现力。用双股线进行制作缝合。

将布料按照图纸进行裁剪。

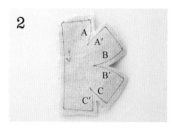

将各部分（A 与 A′、B 与 B′、C 与 C′）半回针缝合。

缝合完成的状态。

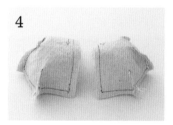

另一片也用同样的方法缝合。

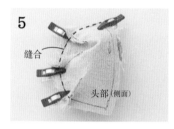

将 4 中两片正面相对，如图所示缝合，在颈部预留返口。

面部的布料正面相对，半回针缝合。由于布料较大，画出合印，小针距进行缝合。

头面部全部缝合的状态。

翻到正面。

塞入填充棉，塞入关节后收口（参考第 35 页）。

10

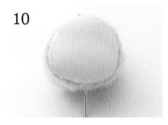

调整脸颊部分，呈现鼓鼓的状态。

11

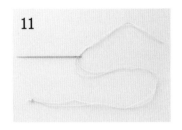

在针上穿线。

12

打结的位置

如图所示，在固定眼睛、鼻子的位置出针，2mm 左右回针缝，拉紧缝线，作出凹状。

13

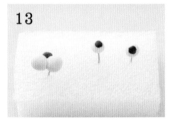

用黏土制作眼睛、鼻子、嘴套。

14

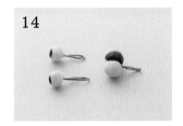

使用钳子将铜丝夹成细长的环形。

15

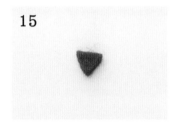

嘴部用毛毡布剪成小三角形。

16

固定耳朵（参考第36页、第37页），嘴巴用手工胶水黏合，缝合固定眼睛和鼻子（参考第38页、第40页）。

17

用手工胶水贴上刘海，修剪长毛布料，调节毛量。

18

用马克笔在面部画出表情。

7

⋀⋀

鸭

图纸 ...P86

仅用填充棉进行填充，身体很轻。
脚掌的部分用黏土制作，有一定的重量和高度，
成品可以直立。

正面

软陶
＋
铜丝
（直径 0.55mm）

喙部和脚掌的黏土
颜色，用橘色与黑
色按照 4：1 的比
例混合，是素雅的
橘色。

卷毛粘胶

［染料］
金色：珍珠灰
9：1

软陶
＋
铜丝
（直径 0.9mm）

材料［身长约 17cm］

- 卷毛粘胶 — 40cm × 30cm
- 眼睛部分（参考第 29 页）— 1 对
- 软陶 — 适量
- 铜丝（直径 0.55mm/ 喙部用）— 7cm
- 铜丝（直径 0.9mm/ 脚掌用）— 14cm

- 纸黏土（固定铜丝用）— 适量
- 关节（头部…直径 30mm × 1、翅膀…直径 27mm × 2、脚掌…直径 25mm × 2）
- 手缝线、缝合眼睛用线、填充棉 — 各适量

制作方法

1. 在布料背面转印图纸，进行裁剪 (参考第 31 页)。

2. 将布料正面相对缝合，翻到正面 (参考第 32 页)。

3. 用软陶制作喙部和脚掌 (参考第 60 页)。

4. 安装翅膀关节，塞入填充棉 (参考第 33 页)。

5. 在头部塞入填充棉，安装关节 (参考第 35 页)。

6. 将眼睛、喙部固定到头部 (参考第 38 页、第 61 页)。

7. 连接头部、身体、翅膀、脚掌 (参考第 41 页)。

8. 填充身体 (参考第 42 页)。

侧面

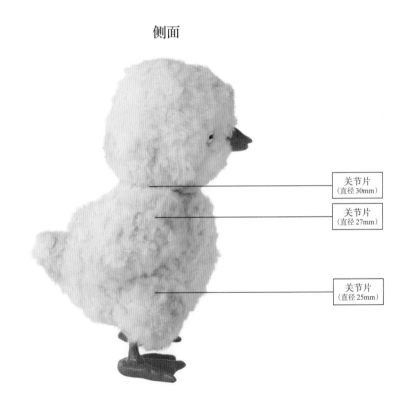

关节片
(直径 30mm)

关节片
(直径 27mm)

关节片
(直径 25mm)

下一页 >>

〈用黏土制作喙部和脚掌〉

为了使脚掌不晃动，用缝线仔细缠绕大腿和软陶部分，并进行缝合固定。
请参考软陶加热的温度和时间。

1

确保两只脚掌黏土的重量一样，
形状大小一样。

2

使用竹筷的圆形端部调整黏土
为鸭蹼的形状。脚踝预留一定
长度。

3

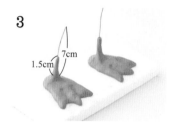

脚踝高约1.5cm，插入长度为
7cm的铜丝（直径为0.9mm）。

4

为了便于固定，将铜丝如图所示
拧成弯曲的状态。加热黏土使之
硬化。

5

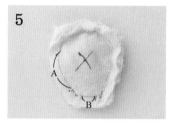

腿部的布料正面相对，缝合。预
留返口A和返口B。

6

翻到正面，安装关节。

7

从返口B插入脚掌的铜丝。

8

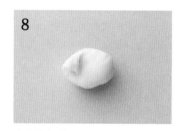

取小块纸黏土。

9

将纸黏土塞入布料之中，再插入
脚掌的铜丝进行固定。

10

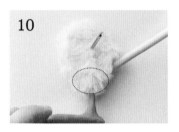

虚线内为纸黏土填充的部分。

11

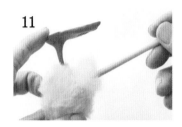

待纸黏土干后，从返口 A 塞入填充棉，进行藏针缝缝合。

12

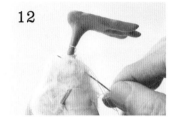

用双股手缝线固定腿部和脚掌。

13

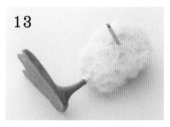

将线头插入布料和纸黏土中固定，黏土脚掌的根部用线缠绕数次。

14

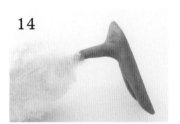

在绕线处薄涂手工胶水，覆盖上从多余布料上剪下的绒毛。

15

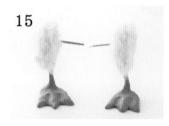

另一只脚用同样的方法制作。注意确认两只脚高度一致。

16

约1.5cm 约2cm

用两片圆滑的三角形制作喙部。其中一片尺寸稍大。

17

侧面

尺寸稍大的一片在上方，两片有部分重叠，如图所示。

18

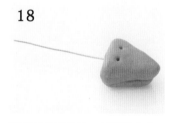

用锥子扎出鼻孔，侧面插入5cm长的铜丝（直径0.55mm），脸部涂上胶水，铜丝插入头部固定。

8

$\wedge\wedge$

小鸟

图纸 ...P87

前侧用白色布料，后侧用茶色布料进行制作。
翅膀不能翻起来，不留空隙直接固定。

正面

卷毛粘胶

［染料］
棕色：珍珠灰
9 : 1

石塑黏土
＋
铜丝
（直径 0.55mm）

蕾丝线

石塑黏土

花艺胶带
＋
铜丝
（直径 0.55mm）

背面

材料［身长约 5cm］

· 卷毛粘胶 — 10cm × 7cm
· 眼睛部分（参考第 29 页）— 1 对
· 铜丝（直径 0.55mm/ 喙部、足部用）— 8cm
· 石塑黏土（翅膀、喙部用）— 适量
· 花艺胶带（足部用）— 14cm
· 手缝线、蕾丝线（40 号）、填充棉 — 各适量

制作方法

1. 在布料背面转印图纸，进行裁剪（参考第 31 页）。
2. 将布料正面相对缝合，翻到正面（参考第 32 页）。
3. 塞入填充棉，藏针缝缝合返口。
4. 头部的上半部分染色（参考第 46 页）。
5. 眼睛、喙部涂上速干胶水，插入铜丝，连接到头部。用马克笔在脸颊画出腮红。
6. 用石塑黏土制作翅膀并固定（参考第 69 页）。翅膀上可以覆盖从布料上剪下的短绒毛。
7. 制作足部并固定（参考第 63 页）。

〈制作足部〉

用铜丝和花艺胶带制作小鸟的足部。

1

如图所示，取 8cm 的铜丝穿过小鸟身体。难以穿过的情况下，可用锥子扩大间隙。

2

用钳子将足部夹弯。

3

留下合适的长度，多余的铜丝剪掉。

4

取 14cm 的花艺胶带，从中间剪开。

5

为了便于缠绕，将一端斜向修剪。

6

缠绕前将花艺胶带拉紧拉直。

7

从足根部开始缠绕花艺胶带。

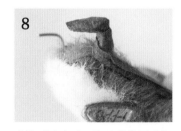

8

缠绕到足尖时，脚趾的位置重复三次缠绕，用手工胶水固定。

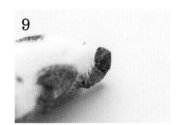

9

将足部背面用手指捏平。

9

∧∧

简易版小熊

图纸 ...P88

方便制作的简单款小熊。
只塞入填充棉也很可爱,
加入骨架的话可以摆出多种姿势。

正面　　　　　　　　　　　　背面

纯棉绒布

纸黏土
＋
纯棉绒布
＋
刺绣线

纯棉绒布

纸黏土

纯棉绒布

马海毛
[染料]
浅咖色:浅茶色
5:5

卷毛粘胶

纯棉绒布

纯棉绒布

[染料]
橘色:浅茶色:珍珠灰
6:3:1

[染料]
棕色:黑色
8:2

头套 A　　　　　头套 B　　　　　头套 C

材料［身长约18cm］	制作方法

材料 ［身长约18cm］

- 马海毛 — 45cm × 35cm（⅛码）
- 眼睛部分（参考第29页）— 1对
- 玩偶骨架 S 号（含铁丝）— 1只的用量
- 纯棉绒布 — 6cm × 6cm
- 手缝线、缝合眼睛用线、纸黏土、填充棉、刺绣线 — 各适量

制作方法

1. 在布料背面转印图纸，进行裁剪（参考第31页）。
2. 将布料正面相对缝合，翻到正面（参考第32页）。
3. 塞入玩偶骨架，塞入填充棉进行缝合（参考本页下半部分）。
4. 固定眼睛（参考第38页）。
5. 固定肉垫和耳朵内侧布（参考第66页）。
6. 制作鼻子并固定（参考第66页）。

〈塞入玩偶骨架〉

将基本部件（snap·proof）与连接部件组装起来，制作适合玩偶形状和大小的骨架。

1

十字形连接
Y字形连接

如图所示，制作相同的部分，组合 S 号的玩偶骨架。

2

四肢部分塞入少量填充棉，再放入 1 中的骨架。事先将骨架拧成一定的弧度，便于放入。

3

再次塞入填充棉，覆盖住骨架，藏针缝缝合返口。

关于玩偶骨架

是用结实的塑料制成的材料。用专用的手工钳子可以进行拆解和加固，根据需要制作成相应的尺寸（由 PARABOX 公司生产并销售）。

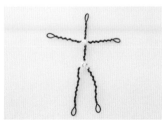

玩偶骨架的接合与分离要使用专用的手工钳子，注意骨架与钳子的尺寸要匹配，不然无法使用。共有五种尺寸。

在玩偶骨架难以购买的情况下，用结实的粗铁丝也可以代替。拧成如图所示状态，在胸部和臀部用线加固。

下一页 >>

〈制作粘贴式肉垫和耳朵〉

仅用粘贴的方法就能简单制作的肉垫和耳朵 (内侧布)。
不需要使用针线,非常方便。

1

将预备粘贴肉垫的部分的绒毛剪短。

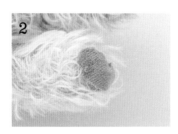

2

涂上手工胶水,贴上用其他布料制作的肉垫。

3

在布料的分界处用手工胶水黏上绒毛覆盖。耳朵也用同样的方法制作。

〈制作鼻子〉

布料中不塞棉,用黏土制作。

1

在纯棉绒布上涂上手工胶水,蒙在已干的半球形纸黏土上,刺绣嘴部。最后插入鼻子 (参考第36页)。

2

背面的状态。

3

用藏针缝缝合固定,边界处涂上手工胶水,黏上短绒毛覆盖。

〈制作头套〉

简单缝合的头套，可以改变小玩偶的风格。
请尽情发挥想象设计吧！

1

在缝合好的头套上确认眼睛位置，做好记号。

2

用剪刀在眼睛的位置剪洞，再用笔画上喜欢的颜色。

3

制作黏土鼻头的时候，插入铜丝，并在端部预留出两根 1cm 左右的铜丝便于安装。

4

在布料相应位置打孔，在面部和铜丝上涂上手工胶水后，插入铜丝。

5

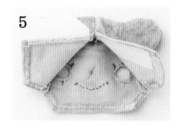

在布料背面将铜丝分开压平。

6

将毛毡布上涂上手工胶水，作为衬布粘贴。

7

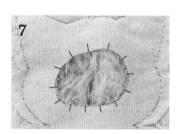

为了便于处理，在孔洞的边缘一周剪出 2mm 的牙口。

※ 为了演示清楚，改变了布料的颜色。

8

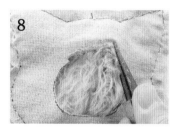

边缘涂上手工胶水，用尖端较细的钳子等工具仔细按压，进行贴合处理。

10

∧∧

迷你小动物

图纸 ...P94

不管是哪种小动物，都是大体相同的制作过程。
没有难的部分，是本书介绍的玩偶中最简单易上手的。

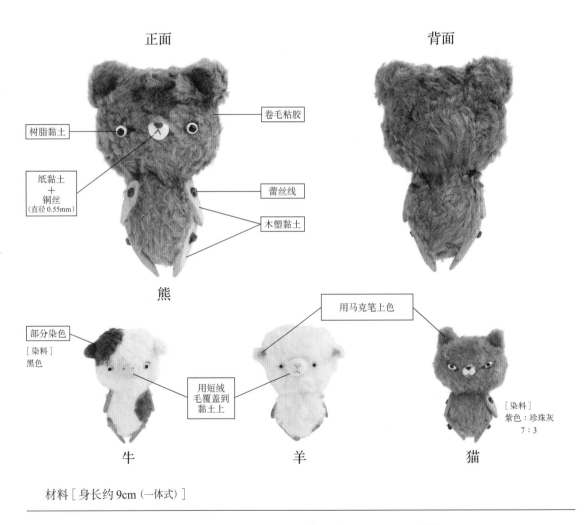

正面　　　　　　　　　　　背面

卷毛粘胶

树脂黏土

纸黏土
＋
铜丝
(直径 0.55mm)

蕾丝线

木塑黏土

熊

部分染色

[染料]
黑色

用马克笔上色

用短绒
毛覆盖到
黏土上

[染料]
紫色：珍珠灰
7 : 3

牛　　　　　　　　　羊　　　　　　　　猫

材料［身长约9cm（一体式）］

- 卷毛粘胶 — 20cm × 10cm
- 眼睛部分 (参考第29页) — 1 对
- 石塑黏土、铜丝 (直径 0.55mm、鼻子有) — 各适量
- 木塑黏土 (四肢用) — 适量
- 手缝线、蕾丝线 (20 号)、填充棉 — 各适量

1. 在布料背面转印图纸，进行裁剪（参考第31页）。

2. 将布料正面相对缝合，翻到正面（参考第32页）。

3. 塞入填充棉，藏针缝缝合返口。

4. 眼睛、鼻子、嘴巴部分插上涂有速干胶水的铜丝。

5. 用木塑黏土制作四肢，并安装固定。

6. 熊、羊、猫三款的耳朵内侧绒毛要剪短，再用马克笔上色。

〈制作四肢〉

介绍制作小四肢的方法。接合处用线连接，玩偶能够活动。

1

将木塑黏土制成如图所示的扁平形状，用缝针开孔。

2

待到黏土全干后，用砂纸打磨整形。

3

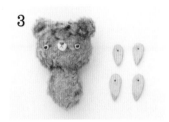

身体完成后，将2的部分准备4个，其中手臂部分尺寸稍小。

4

用蕾丝线打结，穿过手臂的孔洞。

5

在针上穿线，拉线，将手臂固定到身体的相应位置。

6

针从对侧穿出，另一边手臂也用同样的方法穿线制作。

7

固定手臂时，一边按紧，一边按如图所示的箭头方向打结。重复两次打结。

8

在线结处涂上少量速干胶水。

9

将线剪短。腿部也用同样的方法固定。

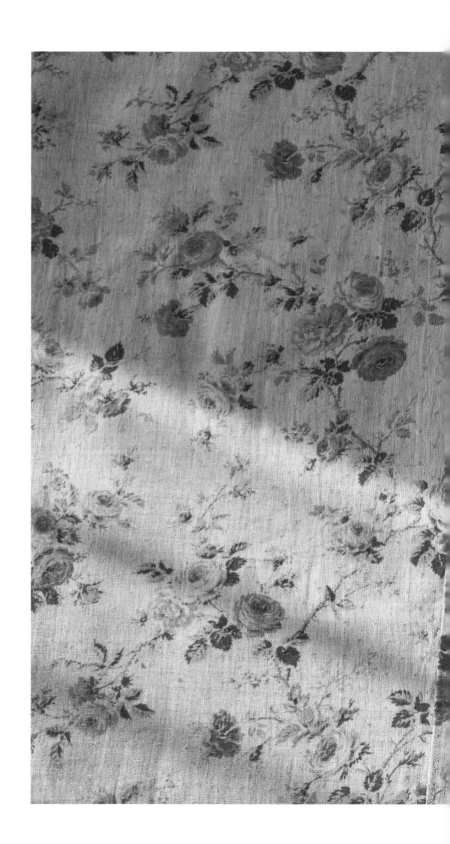

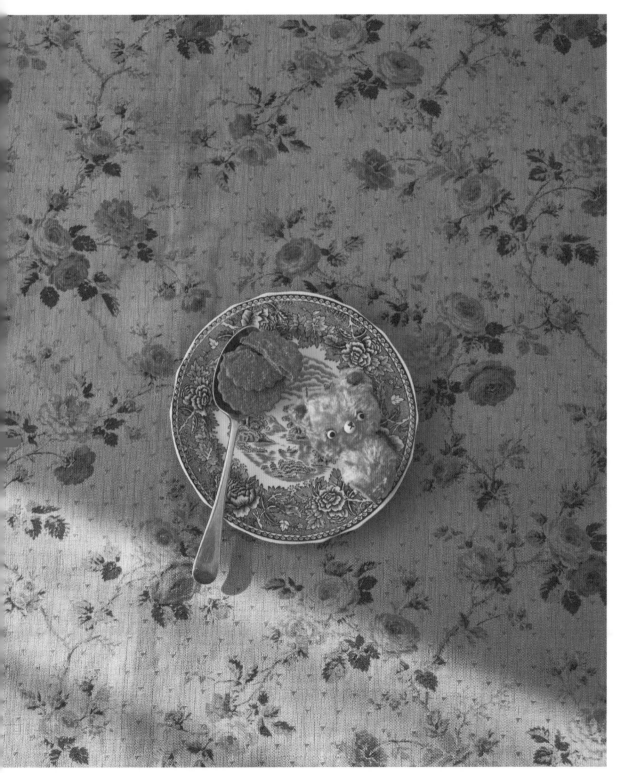

材料店铺

介绍购买布料及工具的实体店铺。

Primera

马海毛的种类非常多，可以在实体店进行挑选。也开办泰迪熊玩偶制作教室。

地址：日本东京都品川区西五反田 4-32-1 1F

Fur·boa 工场

有些用于制作狼、猫头鹰等动物的特殊布料。在制作有个性的玩偶时，非常推荐这家店铺。

Santa cruz bear

销售德国产的马海毛和羊毛布。泰迪熊玩偶制作的材料和工具也能一起买到。德国 Steiff Schulte 公司的日本总代理店。

冈田织物

有很多绒毛长度在 30mm 以上的长毛布料，种类丰富，质量好。

京都 Marukuma

销售德国直运进口的马海毛和手工材料的店。根据季节会有新商品和限定款。

Star child

人造丝·丙烯酸·聚酯布料，眼睛、鼻子等小配件。实体店实行完全预约制。

地址：日本东京都新宿区中落合 2-18-11

TOMATO

主楼第二层有东京都内最大的羊毛布卖场。附楼偶尔也能淘到珍宝。

地址：日本东京都荒川区东日暮里 6-44-6

新宿 okadaya

由有 120000 种手工用品、缝纫工具、毛线的服饰馆和有 25000 种产品的布料馆组成，是东京都内少有的大型综合服饰手工材料店。

地址：日本东京都新宿区新宿 3-23-17

NAGATO 羊毛馆

有四家店铺，主营羊毛布。有很多种毛绒布料。

地址：日本东京都荒川区东日暮里 5-32-9

世界堂 新宿本店

很多种类的黏土、铜丝、绘具、笔等，都能在这里找到。

地址：日本东京都新宿区新宿 3-1-1

（信息截至 2023 年 7 月）

图纸

· 图纸是实物等大。

· 请复印或用薄纸转印后使用。

· 初学者建议将图纸转印到厚纸板上，剪下使用。

· 图中数字的单位均为 mm。

· →表示绒毛的方向。

· 尺寸不含缝份。⑤这样的圆圈数字代表缝份的尺寸
（单位 =mm）。

· ⓪表示不含缝份直接剪下使用。

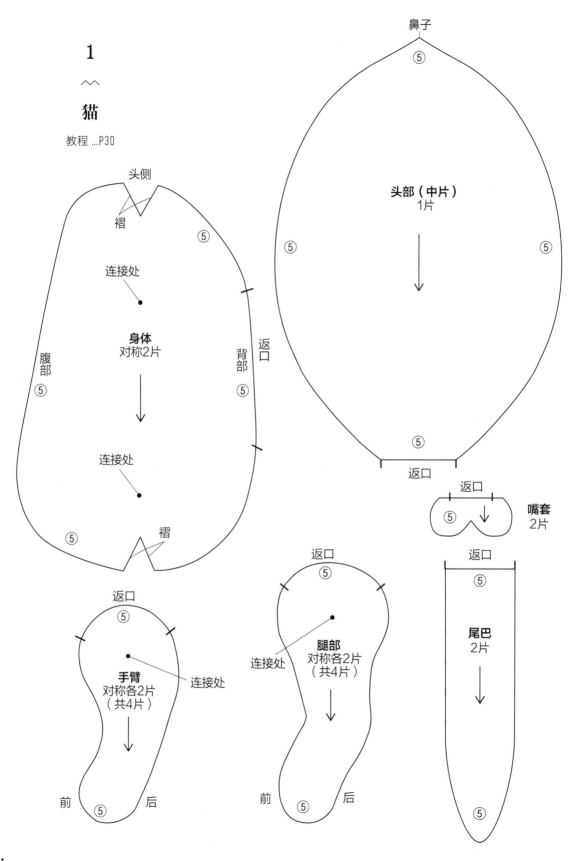

1

猫

教程...P30

鼻子
⑤

头部（中片）
1片
⑤   ⑤
⑤
返口

头侧
褶

连接处

身体
对称2片
⑤

腹部
⑤

返口
背部
⑤

连接处

褶

返口
⑤

嘴套
2片

返口
⑤
腿部
对称各2片
（共4片）

返口
⑤

尾巴
2片

返口
⑤
手臂
对称各2片
（共4片）
连接处

连接处

前   ⑤   后

前   ⑤   后

⑤

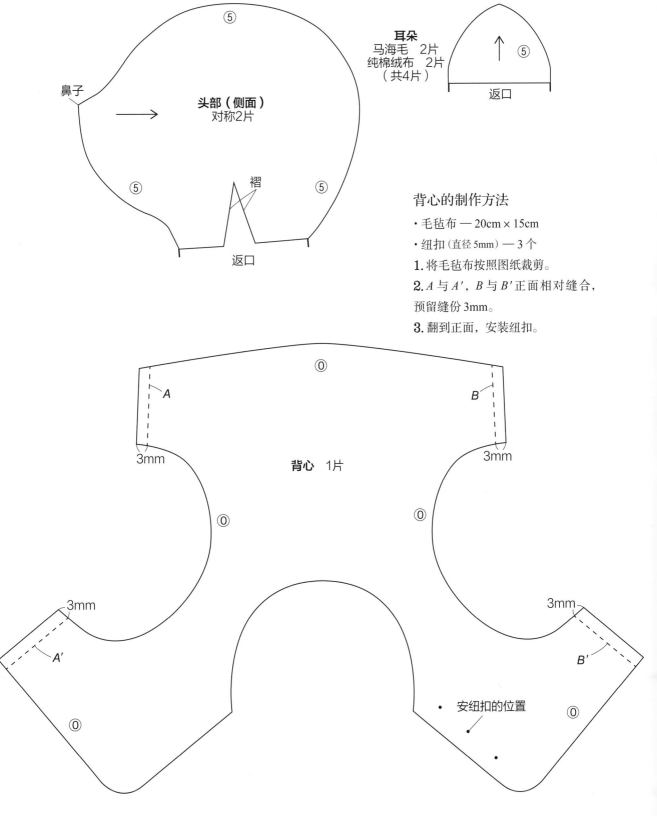

耳朵
马海毛　2片
纯棉绒布　2片
（共4片）

⑤

返口

鼻子

⑤

头部（侧面）
对称2片

⑤

褶

⑤

⑤

返口

背心的制作方法

· 毛毡布 — 20cm × 15cm

· 纽扣（直径5mm）— 3个

1. 将毛毡布按照图纸裁剪。

2. A 与 A′，B 与 B′正面相对缝合，
预留缝份3mm。

3. 翻到正面，安装纽扣。

⓪

A

B

3mm

3mm

背心　1片

⓪

⓪

3mm

3mm

A′

B′

安纽扣的位置

⓪

⓪

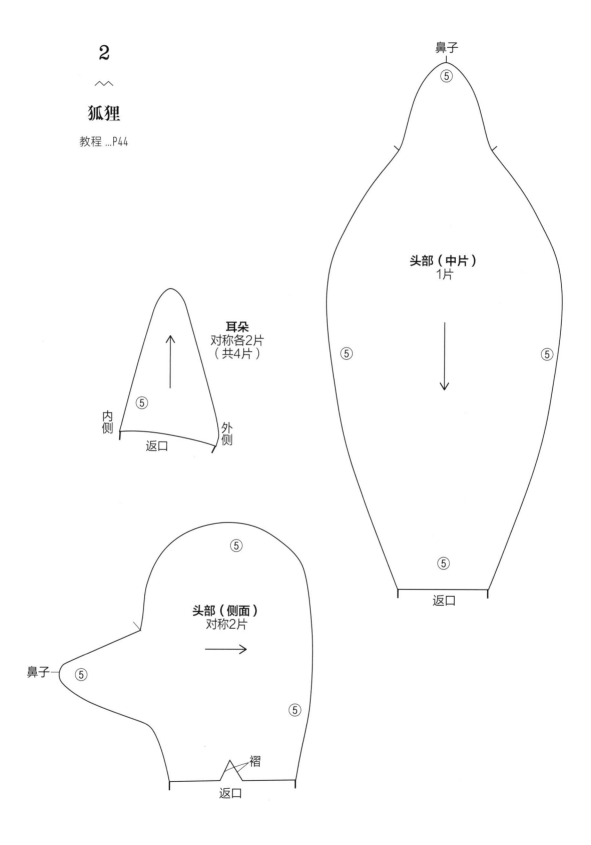

2

⌒⌒

狐狸

教程 ...P44

耳朵
对称各2片
（共4片）

内侧 ⑤ 外侧
返口

鼻子 ⑤

头部（中片）
1片

⑤ ⑤

⑤

返口

头部（侧面）
对称2片 →

鼻子 ⑤

⑤

褶

返口

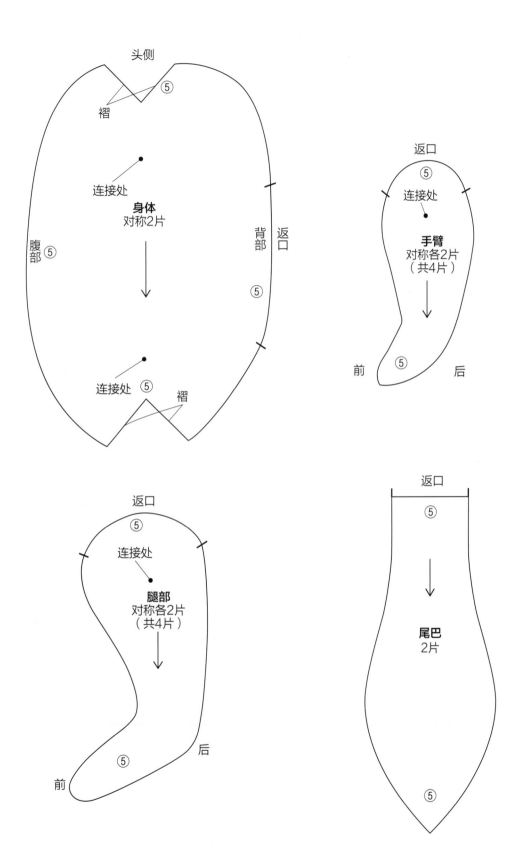

头侧

褶 ⑤

连接处

身体
对称2片

腹部 ⑤

背部

返口

⑤

连接处 ⑤ 褶

返口

⑤

连接处

手臂
对称各2片
（共4片）

前 ⑤ 后

返口

⑤

连接处

腿部
对称各2片
（共4片）

前 ⑤ 后

返口

⑤

尾巴
2片

⑤

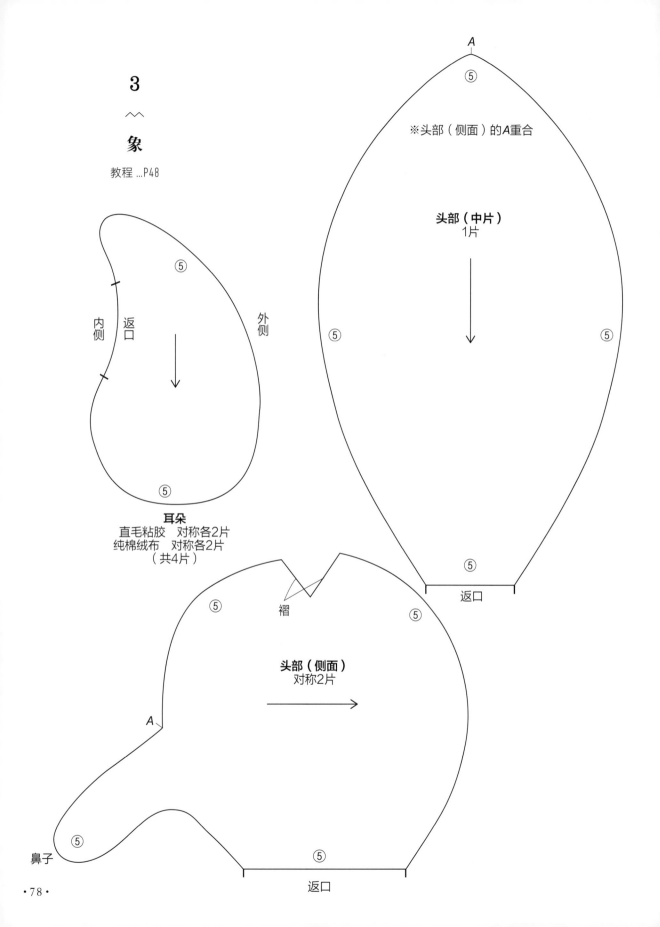

3

象

教程 ...P48

※头部（侧面）的A重合

A

⑤

头部（中片）
1片

⑤

⑤

⑤

耳朵
直毛粘胶　对称各2片
纯棉绒布　对称各2片
（共4片）

内侧　返口　外侧

⑤

⑤

返口

褶

⑤　⑤

头部（侧面）
对称2片

A

鼻子

⑤

⑤

返口

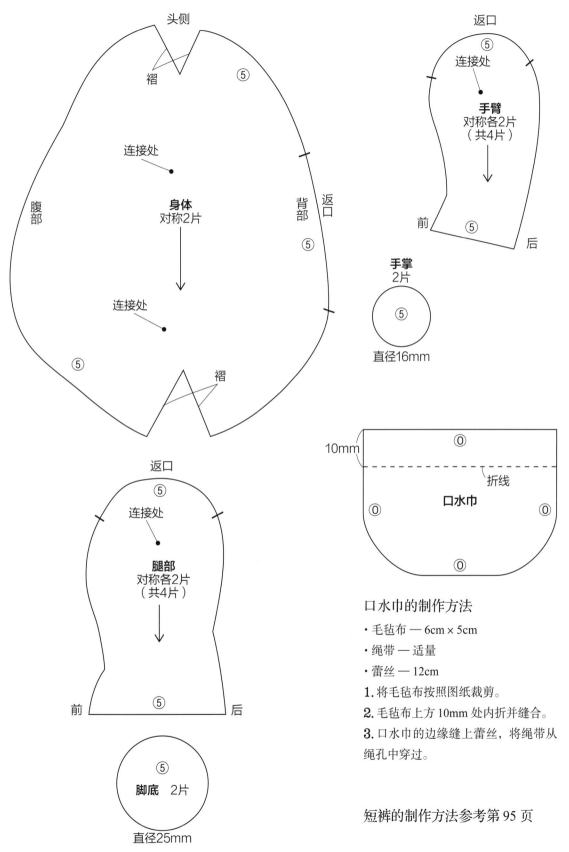

头侧

褶

⑤

连接处

腹部

身体
对称2片

背部

返口

⑤

连接处

⑤

褶

返口

⑤

连接处

腿部
对称各2片
（共4片）

前

⑤

后

⑤

脚底　2片

直径25mm

返口

⑤

连接处

手臂
对称各2片
（共4片）

前

⑤

后

手掌
2片

⑤

直径16mm

⓪

⓪

10mm

折线

口水巾

⓪

⓪

⓪

口水巾的制作方法

· 毛毡布 — 6cm×5cm

· 绳带 — 适量

· 蕾丝 — 12cm

1.将毛毡布按照图纸裁剪。

2.毛毡布上方10mm处内折并缝合。

3.口水巾的边缘缝上蕾丝，将绳带从绳孔中穿过。

短裤的制作方法参考第 95 页

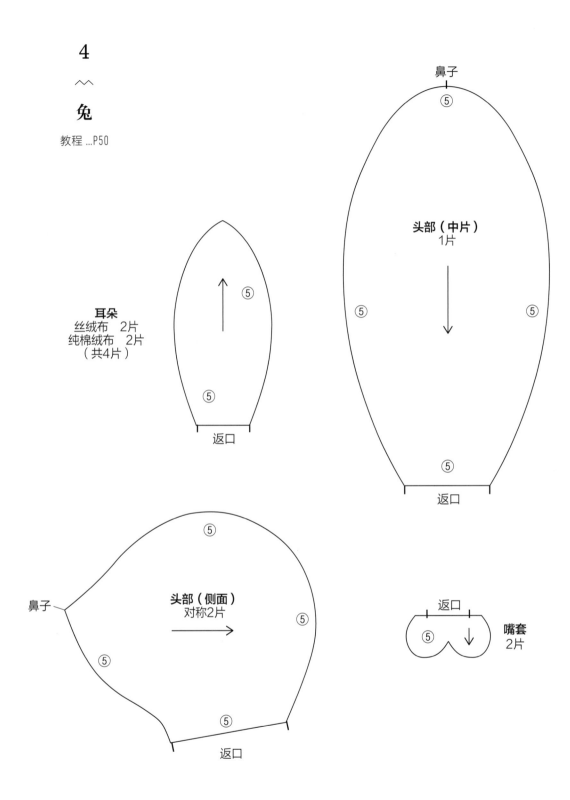

4

兔

教程 ...P50

鼻子

头部（中片）
1片

耳朵
丝绒布　2片
纯棉绒布　2片
（共4片）

返口

返口

头部（侧面）
对称2片

鼻子

返口

返口

嘴套
2片

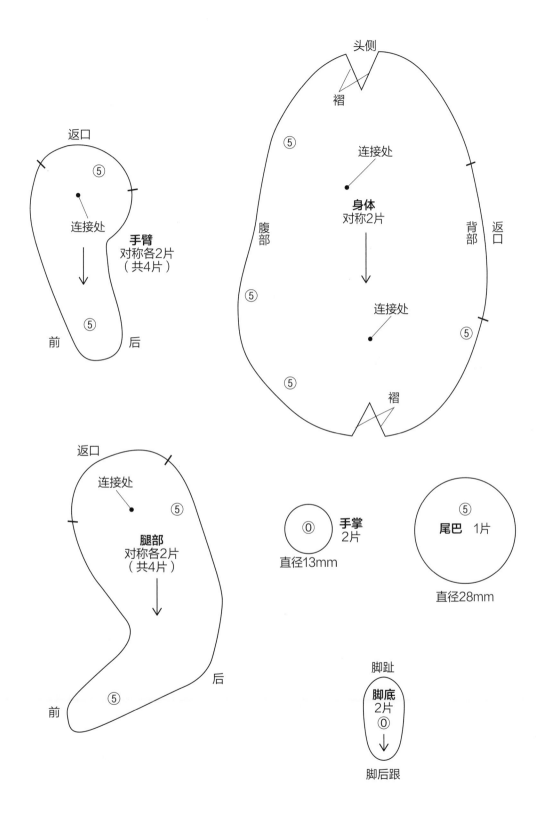

返口

⑤

连接处

手臂
对称各2片
（共4片）

前　　　后

头侧

褶

⑤

连接处

身体
对称2片

连接处

腹部

背部

返口

⑤

⑤

⑤

褶

返口

连接处

⑤

腿部
对称各2片
（共4片）

前　　　⑤　　　后

⓪　**手掌**
2片

直径13mm

⑤

尾巴　1片

直径28mm

脚趾

脚底
2片
⓪

脚后跟

5

山羊

教程 ...P52

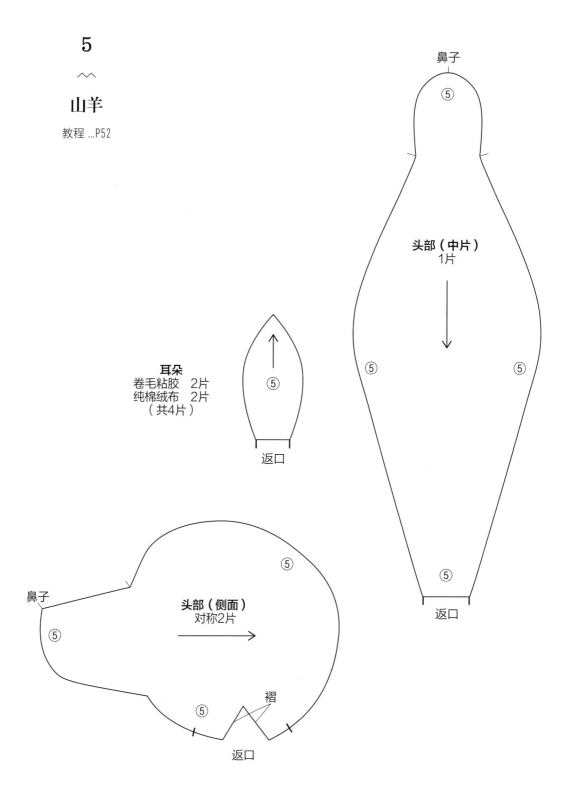

鼻子

⑤

头部（中片）
1片

⑤ ⑤

⑤

返口

耳朵
卷毛粘胶　2片
纯棉绒布　2片
（共4片）

⑤

返口

鼻子

⑤

头部（侧面）
对称2片

⑤

褶

⑤

返口

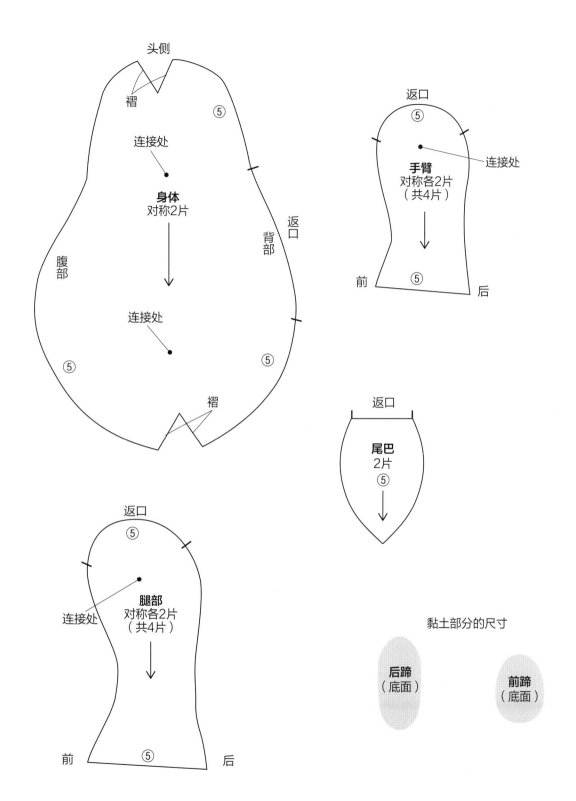

头侧

褶

⑤

连接处

身体
对称2片

腹部

背部

返口

连接处

⑤

⑤

褶

返口

⑤

手臂
对称各2片
（共4片）

连接处

前

⑤

后

返口

尾巴
2片

⑤

返口

⑤

腿部
对称各2片
（共4片）

连接处

前

⑤

后

黏土部分的尺寸

后蹄
（底面）

前蹄
（底面）

6

$\wedge\wedge$

熊

教程 ...P54

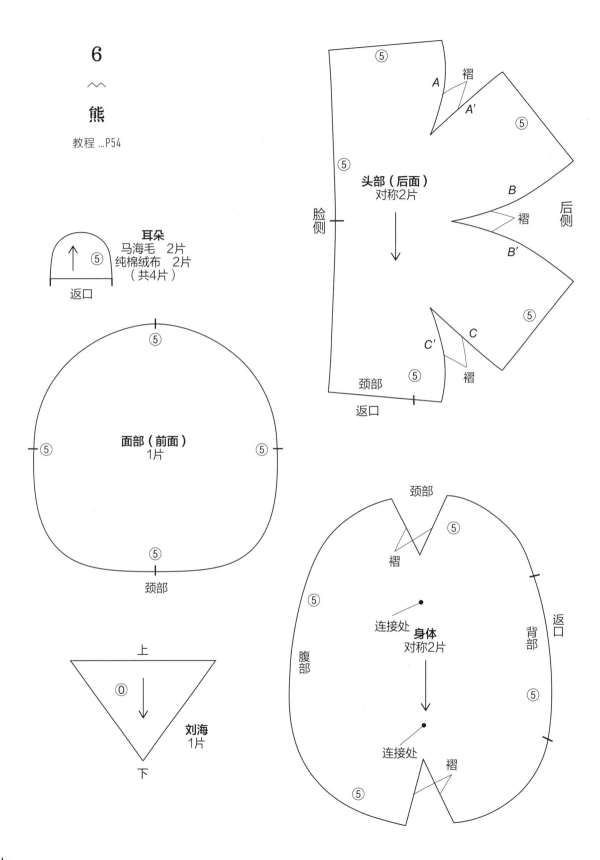

耳朵
马海毛 2片
纯棉绒布 2片
（共4片）

⑤

返口

面部（前面）
1片

⑤

⑤ ⑤

⑤

颈部

上

◎

刘海
1片

下

⑤

头部（后面）
对称2片

A 褶
A'
⑤
⑤
脸侧
B
褶 后侧
B'
⑤
C' C
褶
颈部
⑤
返口

颈部
⑤
褶
⑤
连接处
身体
对称2片
腹部
背部
返口
⑤
连接处
褶
⑤

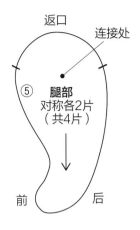

返口　连接处

⑤ **腿部**
对称各2片
（共4片）

前　　后

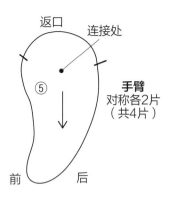

返口　连接处

⑤

手臂
对称各2片
（共4片）

前　　后

猫咪版本

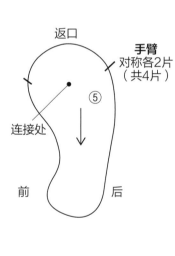

返口

手臂
对称各2片
（共4片）

⑤

连接处

前　　后

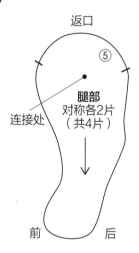

返口

⑤

连接处

腿部
对称各2片
（共4片）

前　　后

返口

⑤

⑤

尾巴
2片

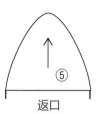

⑤

返口

耳朵
马海毛　2片
纯棉绒布　2片
（共4片）

7

⌃⌃

鸭

教程 ...P58

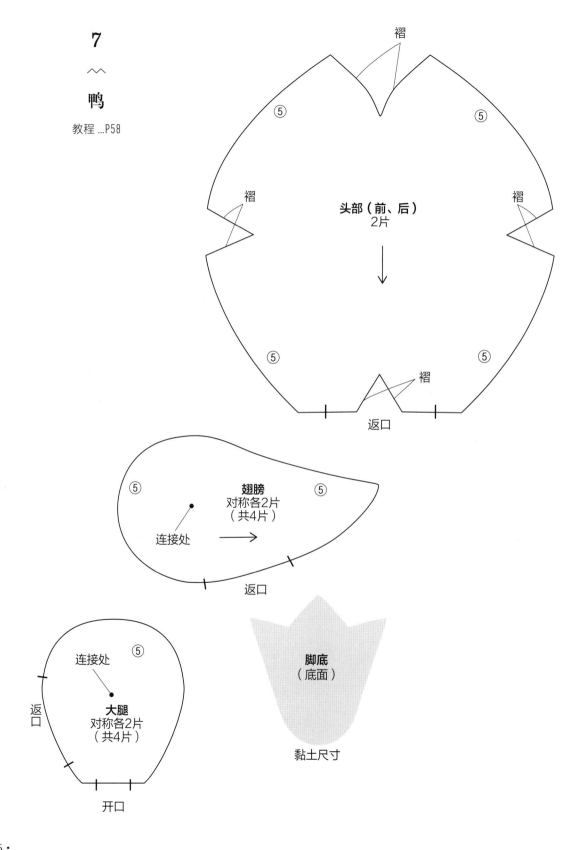

褶

褶

⑤   ⑤

褶   **头部（前、后）**   褶
          2片

↓

⑤   ⑤

褶

返口

⑤   ⑤
          翅膀
          对称各2片
          （共4片）
连接处   →

返口

⑤
连接处
          脚底
大腿   **（底面）**
对称各2片
（共4片）

          黏土尺寸
返
口

开口

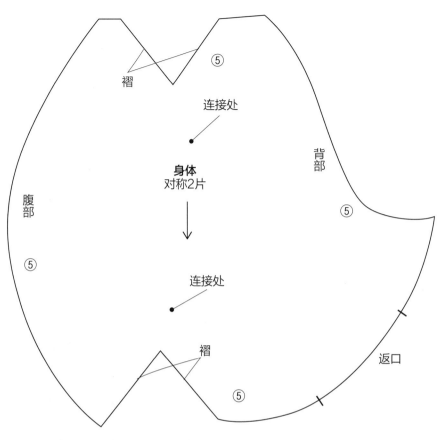

褶 ⑤

连接处

身体
对称2片
↓

连接处

背部

腹部

⑤

⑤

褶

⑤

返口

8

⋀⋀

小鸟

教程 ...P62

返口

身体
白色 1片
茶色 1片
（共2片）

④

9

^^

简易版小熊

教程 ...P64

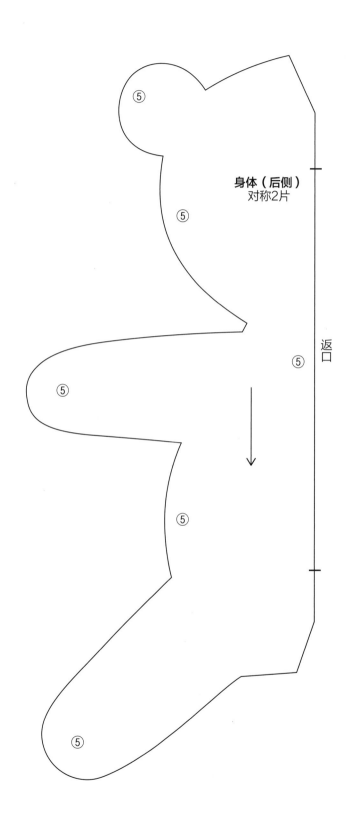

身体（后侧）
对称2片

返口

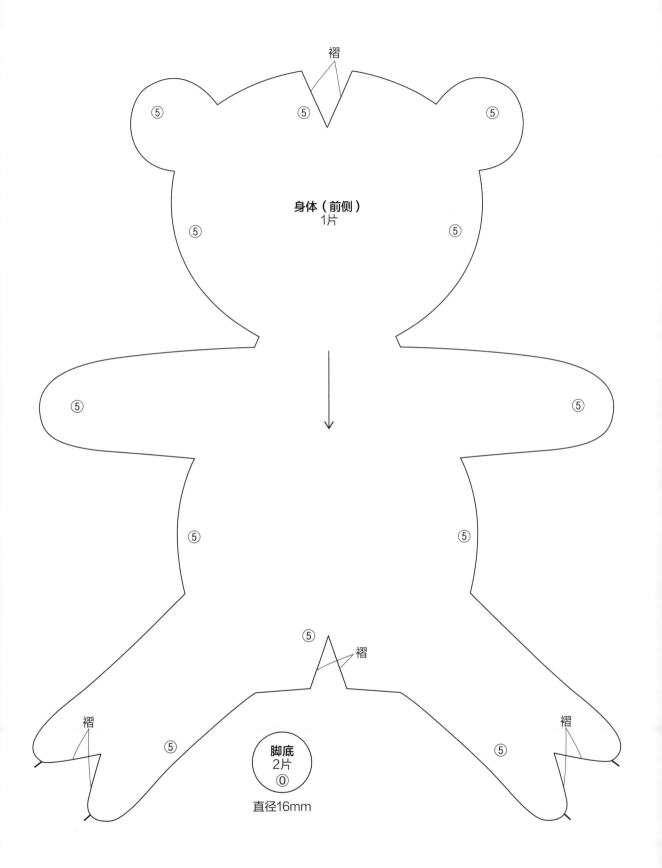

身体（前侧）
1片

⑤

脚底
2片
⓪
直径16mm

褶

头套 A

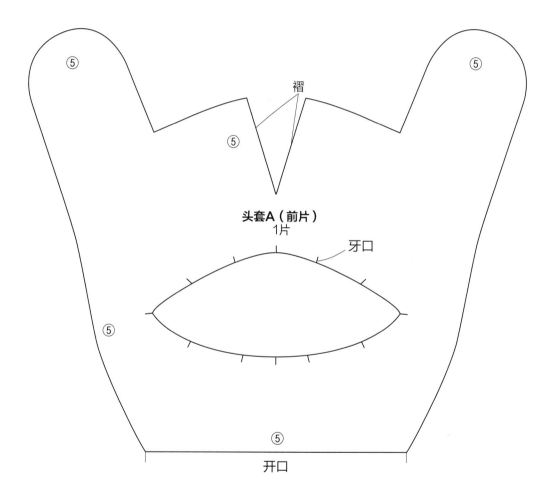

褶

头套A（前片）
1片

牙口

开口

头套的制作方法

1. 根据图纸裁剪布料。
2. 将开口处、魔术贴处的缝份内折并缝合。
3. 缝合褶部。
4. 前后片布料正面相对缝合。
5. 缝合后侧中心（魔术贴的上方位置）。
6. 翻到正面，将魔术贴缝到内侧。

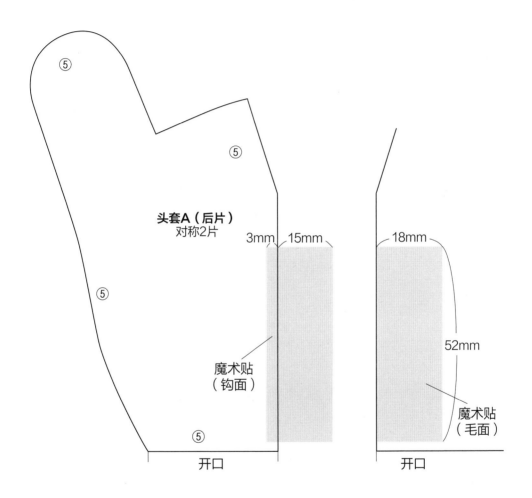

头套A（后片）
对称2片

3mm 15mm

18mm

52mm

魔术贴
（钩面）

魔术贴
（毛面）

开口

开口

头套 B

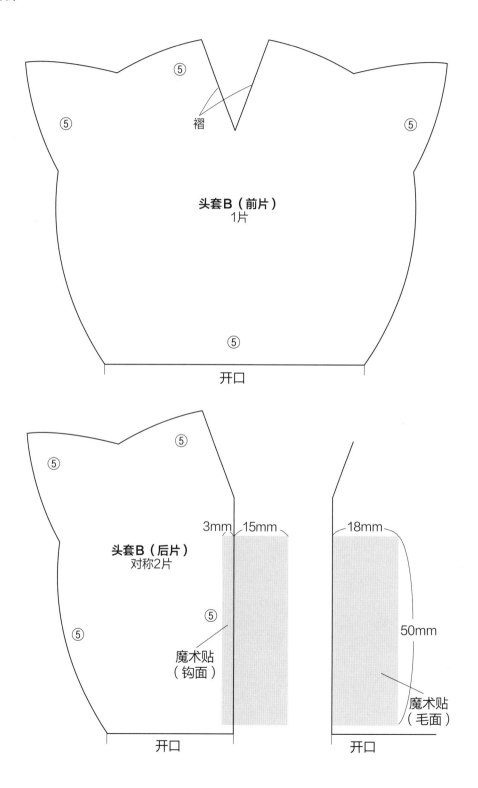

头套B（前片）
1片

褶

⑤

开口

头套B（后片）
对称2片

3mm 15mm 18mm

50mm

⑤

魔术贴
（钩面）

魔术贴
（毛面）

开口 开口

头套C

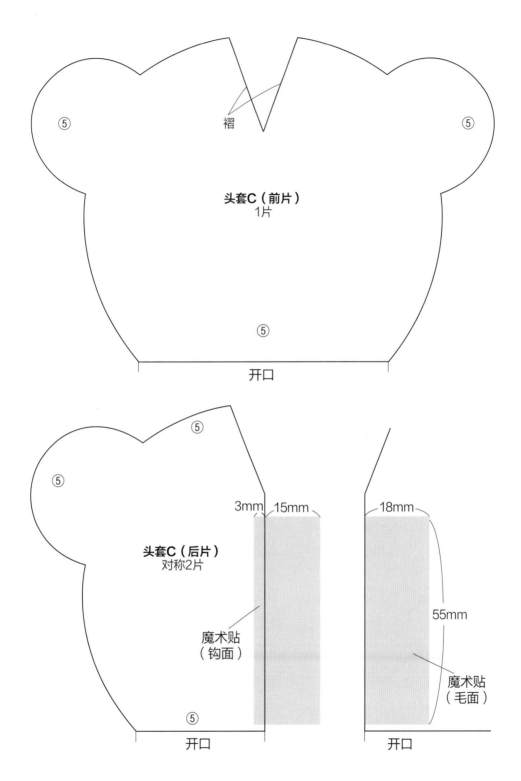

头套C（前片）
1片

褶

头套C（后片）
对称2片

3mm 15mm 18mm

55mm

魔术贴
（钩面）

魔术贴
（毛面）

开口

开口

开口

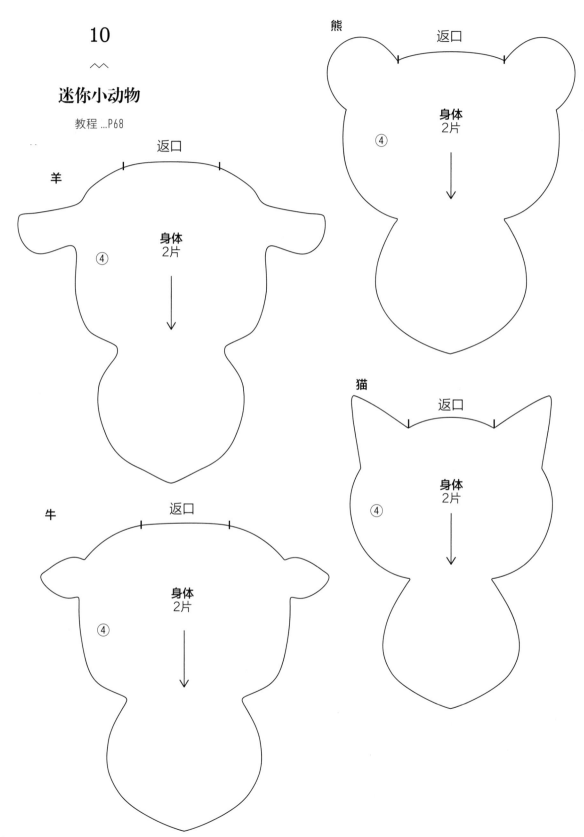

10

迷你小动物

教程 ...P68

羊
返口
身体
2片
④

熊
返口
身体
2片
④

牛
返口
身体
2片
④

猫
返口
身体
2片
④

象的短裤

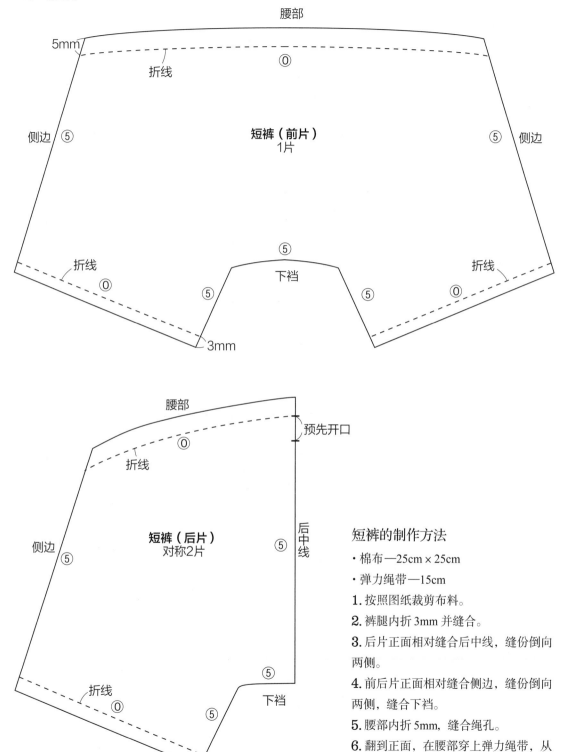

腰部

5mm

折线

⓪

短裤（前片）
1片

侧边 ⑤

⑤ 侧边

折线

⓪

⑤

⑤

下挡

⓪

折线

⑤

⑤

3mm

腰部

折线

⓪

预先开口

短裤（后片）
对称2片

侧边

⑤

后中线

⑤

折线

⓪

下挡

⑤

⑤

短裤的制作方法

· 棉布—25cm×25cm

· 弹力绳带—15cm

1. 按照图纸裁剪布料。

2. 裤腿内折3mm并缝合。

3. 后片正面相对缝合后中线，缝份倒向
两侧。

4. 前后片正面相对缝合侧边，缝份倒向
两侧，缝合下挡。

5. 腰部内折5mm，缝合绳孔。

6. 翻到正面，在腰部穿上弹力绳带，从
后中线的开口拉出并打结。

日文原版图书工作人员

设计 塙美奈

摄影 加藤新作 寺冈美雪

装帧 伊东朋惠

描图 大森裕美子

材料赞助 PADICO

原文书名：へんてこ動物ぬいぐるみ

原作者名：ippoたおか

HENTEKODOBUTSUNUIGURUMI

Copyright © Ippo Taoka.2023

Original Japanese edition published by Seibundo Shinkosha Publishing co.,Ltd.

Chinese simplified character translation rights arranged with Seibundo Shinkosha Publishing co.,Ltd.

Through Shinwon Agency Co.

Chinese simplified character translation rights ©2024 China Textile & Apparel Press

著作权合同登记号：图字：01-2024-2827

图书在版编目（CIP）数据

迷你动物玩偶制作&染色全解析／（日）田冈正臣著；宋菲娅译. -- 北京：中国纺织出版社有限公司，2024.9. -- ISBN 978-7-5229-1867-9

Ⅰ．TS958.4

中国国家版本馆CIP数据核字第2024CE2983号

责任编辑：刘茸　　特约编辑：周蓓　赵佳茜

责任校对：王花妮　　责任印制：王艳丽

中国纺织出版社有限公司出版发行

地址：北京市朝阳区百子湾东里 A407 号楼　邮政编码：100124

销售电话：010—67004422　传真：010—87155801

http://www.c-textilep.com

中国纺织出版社天猫旗舰店

官方微博 http://weibo.com/2119887771

北京华联印刷有限公司印刷　各地新华书店经销

2024 年 9 月第 1 版第 1 次印刷

开本：787×1092　1/16　印张：6

字数：125 千字　定价：78.00 元

凡购本书，如有缺页、倒页、脱页，由本社图书营销中心调换